应用型本科高校系列教材·电子电工类

传感器与检测技术实验指导

胡 波 王 欢 王雪丽 主编

中国科学技术大学出版社

内 容 简 介

本书是应用型本科院校课程"传感器与检测技术"的实验教材。书中的实验项目结合院校的实际仪器设备,侧重于对学生实践操作能力和综合设计能力的培养,具有较强的可操作性和通用性。本书用简明的语言阐述了传感器的工作原理,通俗易懂,减少了对原理中复杂公式的推导,增强了实用性,能使读者结合实际即学即用。本书所包括的实验在教学中可根据实际情况灵活选择。实验内容和难易程度可以满足不同层次的教学要求。每个实验项目都有实验原理和注意事项,部分实验附带思考题,可供教师和学生选用。

本书主要作为电气类相关专业课程"传感器与检测技术"的实验教材,也可用作其他高等院校相关专业的实验课程教材和教学参考书。

图书在版编目(CIP)数据

传感器与检测技术实验指导/胡波,王欢,王雪丽主编. —合肥:中国科学技术大学出版社,2017.2(2022.7 重印)

ISBN 978-7-312-04105-1

Ⅰ.传… Ⅱ.① 胡… ② 王… ③ 王… Ⅲ.传感器—检测—实验—高等学校—教材 Ⅳ.TP212-33

中国版本图书馆 CIP 数据核字(2017)第 004527 号

出版	中国科学技术大学出版社
	安徽省合肥市金寨路 96 号,230026
	http://press.ustc.edu.cn
印刷	安徽省瑞隆印务有限公司
发行	中国科学技术大学出版社
开本	710 mm×1000 mm 1/16
印张	9.75
字数	208 千
版次	2017 年 2 月第 1 版
印次	2022 年 7 月第 2 次印刷
定价	22.00 元

前　言

　　随着社会的进步,科学技术的发展,特别是近 20 年来,电子技术日新月异,计算机技术的应用和普及把人类带入了信息时代,各种电器设备充满了人们生产和生活的各个领域。相当大一部分的电器设备都应用到了传感器件,传感器技术是现代信息技术中的主要技术之一,在国民经济建设中占据有极其重要的地位。

　　在工农业生产各领域中,工厂的自动流水生产线、全自动加工设备、许多智能化的检测仪器设备,都大量地采用了各种各样的传感器,它们在合理化地进行生产、减轻人们的劳动强度、避免有害的作业等方面发挥了巨大的作用。在家用电器领域中,如全自动洗衣机、电饭煲和微波炉都离不开传感器。在医疗卫生领域中,如电子脉搏仪、体温计、医用呼吸机、超声波诊断仪、断层扫描(CT)及核磁共振诊断设备,也都大量地使用了各种各样的传感技术。这些先进设备对人类改善生活水平、提高生活质量和健康水平起到了重要的作用。在军事国防领域中,各种侦测技术,如红外夜视探测、雷达跟踪、武器的精确制导,没有传感器都是难以实现的。在航空航天领域中,空中管制、导航、飞机的飞行管理和自动驾驶、仪表着陆盲降系统,都需要传感器。人造卫星的遥感、遥测都与传感器紧密相关。没有传感器,要实现诸如此类的功能都是不可能的。

　　THSCCG-1 型和 THSCCG-2 型系列传感器与检测技术实验台主要用于各本科院校,大、中专院校及职业院校开设的"传感器原理与技术""自动化检测技术""非电量电测技术""工业自动化仪表与控制"以及"机械量电测"等课程的实验教学。实验台上采用的大部分传感器虽然是教学传感器(采用透明结构以便于教学),但其结构与线路是工业应用传感器的基础。学生通过实验可以加深对书本知识的理解,并可在实验进行过程中,通过对信号的拾取、转换、分析,掌握作为一个科技工作者应具有的基本的操作技能与动手能力。

　　THSCCG-1 系列传感器与检测技术实验台为适应不同类别、不同层次的专业需要,推出了模块化的新产品,其优点在于:能适应不同专业的需要,不同专业可以有不同的实验模板;作为信息拾取的工具,传感器发展很快,新产品能适应不断发展的形势,不断补充新型的传感器模板;学生可以利用主控台的共用源进行课程设计、毕业设计和自制装置。

"传感器与检测技术"是工程特点很突出和实践性很强的一门课程,实验是教学过程中不可缺少的环节,其对于学生学习基本理论、掌握基本技能、培养工程技术人员的专业素质和能力具有十分重要的作用。

本书是"传感器与检测技术"等课程的配套实验教材,是按照安徽省教育厅制定的教学大纲要求编写的。本书许多内容早已用于宿州学院和巢湖学院电气、电子类相关专业的"传感器与检测技术"及相近课程的实验教学,经过多届学生的使用,反复修改、充实与更新,得到广大师生的认可和赞誉。

全书共分为两部分:第一部分是 THSCCG-1 型和 THSCCG-2 型实验仪器简介,标题中加"＊"的实验对应的实验仪器是 THSCCG-2;第二部分是实验指导,共包括 19 个实验。各高校可根据本校的教学条件、教学要求和学时多少选做。

实验分为基础性实验和综合性实验:基础性实验按照基本理论体系编写;为了适应应用型本科教学实践,本书强化了综合性实验的内容。这些实验项目的设置对于提高学生分析、解决实际问题的能力有很大的帮助。

每个实验都有注意事项,希望学生认真阅读、谨慎操作,以免损坏器件。

本书由宿州学院的胡波、王雪丽以及滁州学院的王欢主编,宿州学院的赵水英以及滁州学院的张阳熠、胡毅参编。

在本书编写过程中,我们参阅了许多兄弟院校的有关教材,吸取了宝贵经验,谨此表示衷心的感谢。本书的编写工作还得到了宿州学院机械学院领导的大力支持,在此也表示衷心的感谢。

由于编者水平有限,加之时间比较仓促,书中难免有错误和不妥之处,敬请读者批评指正!

编 者

2016 年 8 月

目　　录

THSCCG-1 型传感器检测技术实验装置简介

一、概述

THSCCG-1 型传感器检测技术实验装置是根据《中华人民共和国教育行业标准：电工电子类实验基地仪器设备配备标准》和教育部《振兴 21 世纪职业教育课程改革和教材建设规划》要求，按照职业教育的教学和实验要求研发的产品，适用于高职院校、职业学校仪器仪表、自动控制、电子技术与机电技术等专业的实验教学。

二、设备构成

实验装置主要由实验台、三源板、传感器和变送模块组成。

（一）实验台部分

由 1～10 kHz 音频信号发生器、1～30 Hz 低频信号发生器、四组直流稳压电源（±15 V，±5 V，±（2～10）V，2～24 V 可调）、数字式电压表、频率/转速表、定时器以及高精度温度调节仪组成。

（二）三源板部分

1．热源
0～220 V 交流电源加热，温度可控制在室温至 120 ℃，控制精度 ±1 ℃。
2．转动源
2～24 V 直流电源驱动，转速在 0～4 500 rpm(r/min，可调)。
3．振动源
振动频率 1～30 Hz(可调)。

（三）传感器及变送模块部分

传感器包含金属应变传感器、差动变压器传感器、磁电传感器、Pt100 温度传感器、K 型热电偶、光电开关和霍尔开关。
变送模块包括电桥、电压放大器、差动放大器、电荷放大器、低通滤波器、相敏检波器、移相器、温度检测与调理等。

实验台作为教学实验仪器，所用传感器基本上都是工业上应用的传感器，以便学生有直观的认识；变送模块上附有变送器的原理框图；测量连接线用定制的接触电阻极小的迭插式联机插头连接。

三、实验内容

本装置的实验项目共 51 项，包括基本技能实验项目 34 项，应用型实验项目 21 项，涉及压力、振动、位移、温度、转速等常见物理量的检测。通过这些实验项目，学生可以更全面地学习和掌握信号传感、信号处理、信号转换的整个过程。

THSCCG-2 型传感器检测技术实验装置简介

一、实验设备组成

THSCCG-2 型传感器检测技术实验装置是采用模块化思想设计的,由实验台、传感器及信号处理实验模块、数据采集卡及软件等几部分组成。

(一)实验台部分

1. 四组直流稳压电源

+24 V,±12 V,+5 V,0~5 V 可调,有短路保护功能。

2. 恒流源

0~20 mA 连续可调,最大输出电压 12 V。

3. 数字式直流电压表

量程 0~20 V,分为 200 mV,2 V,20 V 三挡,精度 0.5 V 级。

4. 数字式直流毫安表

量程 0~20 mA,三位半数字显示、精度 0.5 mA 级,有内测、外测功能。

5. 频率/转速表

频率测量范围 1~9 999 Hz,转速测量范围 1~9 999 rpm。

6. 计时器

可计时 0~9 999 s,精确到 0.1 s。

7. PID 调节仪

多种输入、输出规格,有人工智能调节以及参数自整定功能,采用先进控制算法。

(二)传感器和信号处理实验模块

传感器主要包括金属应变式传感器、扩散硅压力传感器、涡轮流量传感器、霍尔传感器、磁电传感器、光电转速传感器、集成温度传感器(AD590)、Pt100 温度传感器、K 型热电偶、气敏传感器、湿度传感器、红外传感器、超声波传感器和光栅传感器等。根据实验情况对其进行了模块化处理,具体的信号处理实验模块如下:

① 温度传感器实验模块;

② 转速传感器实验模块;

③ 液位/流量传感器实验模块;

④ 金属应变传感器实验模块；

⑤ 气敏、湿敏传感器实验模块；

⑥ 红外传感器实验模块；

⑦ 超声位移传感器实验模块；

⑧ 增量式编码器实验模块；

⑨ 光栅位移传感器实验模块；

⑩ 传感信号调理/转换实验模块。

（三）数据采集卡及软件

1. 高速 USB 数据采集卡

含 4 路模拟量输入，2 路模拟量输出，8 路开关量输入/输出，14 位 A/D 转换，A/D 采样最大速度 400 kHz。

2. 上位机软件

本软件配合 USB 数据采集卡使用，实时采集数据，对数据进行动态或静态处理和分析，具备双通道虚拟示波器、虚拟函数信号发生器、脚本编辑器等功能。

二、实验内容

本装置的实验项目共 54 项，涉及压力、位移、温度、转速、浓度等常见物理量的检测。通过这些实验项目，学生可以更全面地学习和掌握信号传感、信号处理以及信号转换的整个过程。

实验一　金属箔式应变片性能实验

项目一　金属箔式应变片:单臂电桥搭建

一、实验目的

了解金属箔式应变片的应变效应,掌握单臂电桥的接线方法和用途。

二、实验仪器

实验台、应变传感器实验模块、托盘、砝码、万用表(自备)。

三、相关原理

电阻丝在外力作用下发生机械变形时,其电阻值发生变化,这就是电阻应变效应,描述电阻应变效应的关系式为

$$\frac{\Delta R}{R} = K\varepsilon$$

式中,$\frac{\Delta R}{R}$ 为电阻丝电阻相对变化,K 为应变灵敏系数,$\varepsilon = \frac{\Delta l}{l}$ 为电阻丝长度的相对变化。

金属箔式应变片就是通过光刻、腐蚀等工艺制成的应变敏感组件,如图 1.1 所示,4 个金属箔应变片被分别贴在弹性体的上、下两侧,弹性体受到压力发生形变,应变片随弹性体形变被拉伸或压缩。

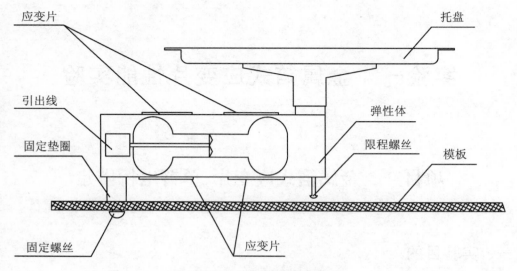

图 1.1 应变传感器安装图

通过应变片将被测部位受力状态变化通过电桥的作用转换成由电阻到电压的比例变化。

如图 1.2 所示，R_5、R_6、R_7 为固定电阻，其与应变片一起构成一个单臂电桥，其输出电压：

$$U_o = \frac{E}{4} \cdot \frac{\dfrac{\Delta R}{R}}{1 + \dfrac{1}{2} \cdot \dfrac{\Delta R}{R}} \tag{1.1}$$

式中，E 为电桥电源电压，R 为固定电阻值。式(1.1)表明单臂电桥输出为非线性的，灵敏度为

$$L = -\frac{1}{2} \cdot \frac{\Delta R}{R} \cdot 100\%$$

四、实验内容与操作步骤

(1) 应变传感器上的各应变片已分别接到应变传感器模块左上方的 R_1, R_2, R_3, R_4 上，可用万用表测量判别：

$$R_1 = R_2 = R_3 = R_4 = 350\ \Omega$$

(2) 差动放大器调零。

从实验台接入 ±15 V 电源，检查无误后，合上实验台电源开关，将差动放大器的输入端 U_i 短接并与地短接，输出端 U_{o2} 接数显电压表(选择 2 V 挡)。

将电位器 W_3 调到增益最大位置(顺时针转到底)，调节电位器 W_4 使电压表显示为 0 V。

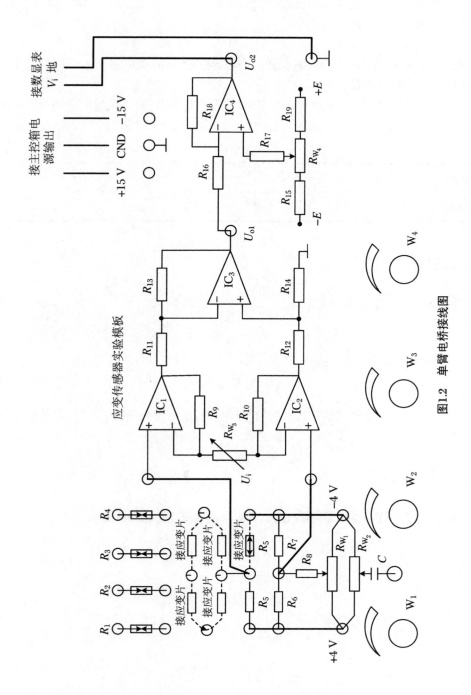

图1.2　单臂电桥接线图

7

关闭实验台电源（W_3、W_4 的位置确定后不能改动）。

（3）按图 1.2 所示连线，将应变式传感器的其中一个应变电阻（如 R_1）接入电桥，与 R_5，R_6，R_7 构成一个单臂直流电桥。

（4）加托盘后电桥调零。

电桥输出接到差动放大器的输入端 U_i，检查接线无误后，合上主控台电源开关，预热 5 min，调节 W_1 使电压表显示为 0。

（5）在应变传感器托盘上放置一只砝码，读取数显表数值，依次增加砝码和读取相应的数显表数值，直到 200 g 砝码加完，计下数显表值，填入表 1.1，关闭电源。

表 1.1

质量(g)									
电压(mV)									

五、实验报告

根据表 1.1 计算系统灵敏度：

$$S = \frac{\Delta U}{\Delta W}$$

式中，ΔU 为输出电压变化量，ΔW 为质量变化量。非线性误差：

$$\delta f_1 = \frac{\Delta m}{y_{F \cdot S}} \times 100\%$$

式中，Δm 为输出值（多次测量时为平均值）与拟合直线的最大偏差，$y_{F \cdot S}$ 为满量程（200 g）输出平均值。

六、注意事项

加在应变传感器上的压力不应过大，否则易造成应变传感器的损坏。

项目二 金属箔式应变片:半桥搭建

一、实验目的

比较半桥与单臂电桥的不同性能,掌握其接线方法。

二、实验仪器

实验台、应变传感器实验模块、托盘、砝码、万用表(自备)。

三、相关原理

不同受力方向的两只应变片接入电桥作为邻边,如图 1.3 所示,电桥输出灵敏度提高,非线性得到改善。当两只应变片的阻值相同、应变数也相同时,半桥的输出电压为

$$U_\circ = EK\frac{\varepsilon}{2} = \frac{E}{2} \cdot \frac{\Delta R}{R} \tag{1.2}$$

式中,E 为电桥电源电压。式(1.2)表明,半桥输出与应变片阻值变化率呈线性关系。如图 1.3 所示接线。

四、实验内容与操作步骤

(1) 应变传感器已安装在应变传感器实验模块上,可参考图 1.1。

(2) 差动放大器调零,参考本实验项目一操作步骤(2)。

(3) 按图 1.3 所示接线,将受力相反(一片受拉,一片受压)的两只应变片接入电桥的邻边。

(4) 加托盘后电桥调零,参考本实验项目一操作步骤(4)。

(5) 在应变传感器托盘上放置一只砝码,读取数显表数值,依次增加砝码和读取相应的数显表数值,直到 200 g 砝码加完,记下数显表数值,填入表1.2,关闭电源。

表 1.2

质量(g)								
电压(mV)								

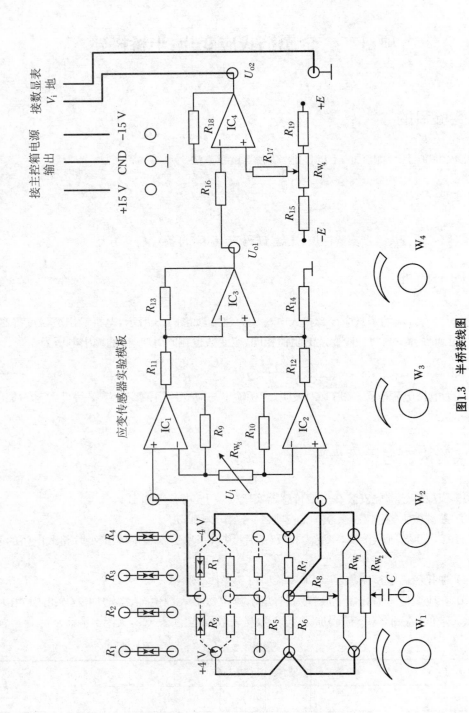

图1.3 半桥接线图

五、实验报告

根据表 1.2 中的数据,计算灵敏度 $L\left(=\dfrac{\Delta U}{\Delta W}\right)$ 和非线性误差 δf_2。

六、思考题

引起半桥测量时非线性误差的原因是什么?

项目三　金属箔式应变片:全桥搭建

一、实验目的

了解全桥测量电路的性能,掌握其接线方法。

二、实验仪器

实验台、应变传感器实验模块、托盘、砝码、万用表(自备)。

三、相关原理

全桥测量电路中,将受力性质相同的两只应变片接到电桥的对边,将受力性质不同的接入邻边,当应变片初始值相等、变化量也相等时,其桥路输出为

$$U_\circ = KE\varepsilon \tag{1.3}$$

式中,E 为电桥电源电压,式(1.3)表明,全桥输出灵敏度比半桥又提高了一倍,非线性误差得到进一步改善。

四、实验内容与操作步骤

(1) 应变传感器已安装在应变传感器实验模块上,可参考图 1.1。

(2) 差动放大器调零,参考本实验项目一操作步骤(2)。

(3) 按图 1.4 所示接线,将受力相反(一片受拉,一片受压)的两对应变片分别接入电桥的邻边。

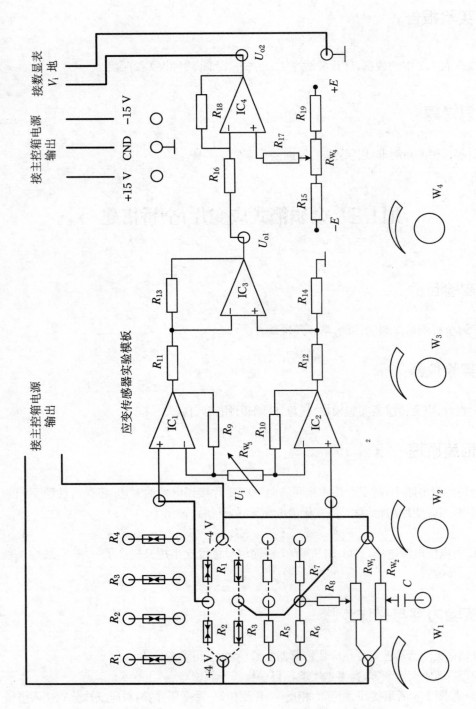

图1.4 全桥电路接线图

（4）加托盘后电桥调零,参考本实验项目一操作步骤(4)。

（5）在应变传感器托盘上放置一只砝码,读取数显表数值,依次增加砝码和读取相应的数显表数值,直到 200 g 砝码加完,记下数显表数值,填入表 1.3,关闭电源。

表 1.3

质量(g)										
电压(mV)										

五、实验报告

根据表 1.3 中记录的数据,计算灵敏度 $L\left(=\dfrac{\Delta U}{\Delta W}\right)$ 和非线性误差 δf_3。

项目四　金属箔式应变片:单臂、半桥、全桥比较

一、实验目的

验证单臂、半桥、全桥的性能及相互之间的关系。

二、所需单元和部件

直流稳压电源、差动放大器、电桥、F/V 表、双平行悬臂梁、应变片、砝码、主/副电源。

有关旋钮的初始位置:直流稳压电源打到 ±2 V 挡,F/V 表打到 2 V 挡,差动放大器增益打到最大。

三、实验步骤

（1）按本实验项目一所述方法将差动放大器调零后,关闭主/副电源。

（2）根据图 1.2 所示接线,R_1,R_2,R_3 为电桥单元的固定电阻,R_4 为应变片;将稳压电源的切换开关置于 ±4 V 挡,F/V 表置于 20 V 挡。开启主/副电源,调节电桥平衡网络中的 W_1,使 F/V 表显示为零,等待数分钟后将 F/V 表置于 2 V 挡,再调节电桥 W_1（慢慢地调）,使 F/V 表显示为零。

（3）在传感器托盘上放上一只砝码,记下此时的电压数值,然后每增加一只砝码记下

一个数值,并将这些数值填入表 1.4。根据所得结果计算系统灵敏度 $S\left(=\dfrac{\Delta V}{\Delta W}\right)$,并作出 V-W 关系曲线,ΔV 为电压变化率,ΔW 为相应的质量变化率。

表 1.4

质量 W(g)				...
电压 V(mV)				...

(4) 保持放大器增益不变,将 R_3 固定电阻换为与 R_4 工作状态相反的另一应变片,即取两片受力方向不同的应变片,形成半桥,调节电桥 W_1 使 F/V 表显示为零,重复步骤(3)依次测得读数,填入表 1.5。

表 1.5

质量 W(g)				...
电压 V(mV)				...

(5) 保持差动放大器增益不变,将 R_1,R_2 两个固定电阻换成另两片受力应变片。组桥时只要掌握对臂应变片的受力方向相同,邻臂应变片的受力方向相反即可,否则相互抵消没有输出。接成的是一个直流全桥,调节电桥 W_1 使 F/V 表显示为零,重复步骤(3)依次将测得的数据填入表 1.6。

表 1.6

质量 W(g)				...
电压 V(mV)				...

(6) 在同一坐标纸上描出 V-W 曲线,比较三种接法的灵敏度。

四、注意事项

(1) 在更换应变片时应将电源关闭。

(2) 在实验过程中如发现电压表过载,应将电压量程扩大。

(3) 在本实验中只能将放大器接成差动形式,否则系统不能正常工作。

(4) 直流稳压电源 ±4 V 不能打得过大,否则易损坏应变片或造成严重自热效应。

(5) 接全桥时请注意区别各片的工作状态方向。

项目五　金属箔式应变片的温度效应及补偿

一、实验目的

了解温度对应变测试系统的影响。

二、实验原理

(一) 应变片的温度误差

由于测量现场环境温度的改变而给测量带来的附加误差,称为应变片的温度误差。产生应变片温度误差的主要因素如下:

1. 电阻温度系数的影响

敏感栅的电阻丝阻值随温度变化的关系可用下式表示:

$$R_t = R_0(1 + \alpha_0 \Delta t) \tag{1.4}$$

式中,R_t 为温度在 $t\,℃$时的电阻值;R_0 为温度在 $t_0℃$ 时的电阻值;α_0 为金属丝的电阻温度系数;Δt 为温度变化值,$\Delta t = t - t_0$。

当温度变化 Δt 时,电阻丝电阻的变化值为

$$\Delta R_t = R_t - R_0 = R_0 \alpha_0 \Delta t \tag{1.5}$$

2. 试件材料和电阻丝材料的线膨胀系数的影响

当试件与电阻丝材料的线膨胀系数相同时,不论环境温度如何变化,电阻丝的变形仍和自由状态时一样,不会产生附加变形。如试件和电阻丝线膨胀系数不同,当环境温度变化时,电阻丝会产生附加变形,从而产生附加电阻。

设电阻丝和试件在温度为 $0\,℃$时的长度均为 L_0,它们的线膨胀系数分别为 β_s 和 β_g,若两者不粘贴,则它们的长度分别为

$$L_s = L_0(1 + \beta_s \Delta t) \tag{1.6}$$

$$L_g = L_0(1 + \beta_g \Delta t) \tag{1.7}$$

当两者粘贴在一起时,电阻丝产生的附加变形 ΔL、附加应变 ε_β 和附加电阻变化 ΔR_β 分别为

$$\Delta L = L_g - L_s = (\beta_g - \beta_s)L_0 \Delta t \tag{1.8}$$

$$\varepsilon_\beta = \frac{\Delta L}{L_0} = (\beta_g - \beta_s)\Delta t \tag{1.9}$$

$$\Delta R_\beta = K_0 R_0 \varepsilon_\beta = K_0 R_0(\beta_g - \beta_s)\Delta t \tag{1.10}$$

由式(1.5)和式(1.10)可知,由于温度变化而引起的应变片总电阻相对变化量为

$$\frac{\Delta R}{R_0} = \frac{\Delta R_\alpha + \Delta R_\beta}{R_0} = \alpha_0 \Delta t + K_0(\beta_g - \beta_s)\Delta t$$

$$= [\alpha_0 + K_0(\beta_g - \beta_s)]\Delta t = \alpha \Delta t \tag{1.11}$$

折合成附加应变量或虚假的应变 ε_t ,有

$$\varepsilon_t = \frac{\dfrac{\Delta R}{R_0}}{K_0} = \left[\frac{\alpha_0}{K_0} + (\beta_g - \beta_s)\right]\Delta t = \frac{\alpha}{K_0}\Delta t \tag{1.12}$$

由式(1.11)和式(1.12)可知,因环境温度变化而引起的附加电阻的相对变化量除了与环境温度有关外,还与应变片自身的性能参数(K_0,α_0,β_s)以及被测试件线膨胀系数 β_g 有关。

(二)电阻应变片的温度补偿方法

电阻应变片的温度补偿方法通常有线路补偿法和应变片自补偿法两大类。

1. 线路补偿法

电桥补偿法是最常用的且效果较好的线路补偿法。图1.5所示的是电桥补偿法的原理图。电桥输出电压 U_o 与桥臂参数的关系为

$$U_o = A(R_1 R_4 - R_B R_3) \tag{1.13}$$

式中,A 为由桥臂电阻和电源电压决定的常数;R_1 为工作应变片;R_B 为补偿应变片。

由上式可知,当 R_3 和 R_4 为常数时,R_1 和 R_B 对电桥输出电压 U_o 的作用方向相反。利用这一基本关系可实现对温度的补偿。测量应变时,工作应变片 R_1 粘贴在被测试件表面上,补偿应变片 R_B 粘贴在与被测试件材料完全相同的补偿块上,且仅工作应变片承受应变,如图1.5所示。

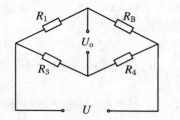
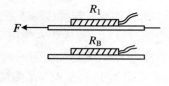

图1.5 电桥补偿法

当被测试件不承受应变时,R_1 和 R_B 又处于同一环境温度为 t ℃的温度场中,调整电桥参数,使之达到平衡,有

$$U_o = A(R_1 R_4 - R_B R_3) = 0 \tag{1.14}$$

工程上,一般按 $R_1 = R_B = R_3 = R_4$ 选取桥臂电阻。当温度升高或降低 $\Delta t = t - t_0$ 时,两个应变片因温度而引起的电阻变化量相等,电桥仍处于平衡状态,即

$$U_o = A[(R_1 + \Delta R_1 t)R_4 - (R_B + \Delta R_B t)R_3] = 0 \tag{1.15}$$

若此时被测试件有应变 ε 的作用,则工作应变片电阻 R_1 又有新的增量 $\Delta R_1 = R_1 K\varepsilon$,而补

偿片因不承受应变,故不产生新的增量,此时电桥输出电压为

$$U_o = AR_1R_4K\varepsilon \tag{1.16}$$

由上式可知,电桥的输出电压 U_o 仅与被测试件的应变 ε 有关,而与环境温度无关。

应当指出,要实现完全补偿,上述分析过程必须满足 4 个条件:

① 在应变片工作过程中,保证 $R_3 = R_4$。

② R_1 和 R_B 两个应变片应具有相同的电阻温度系数 α、线膨胀系数 β、应变灵敏度系数 K 和初始电阻值 R_0。

③ 粘贴补偿片的补偿块材料和粘贴工作片的被测试件的材料必须一样,两者的线膨胀系数要相同。

④ 两应变片应处于同一温度场。

2. 应变片自补偿法

这种温度补偿法利用了自身具有温度补偿作用的应变片,称之为温度自补偿应变片。

应变片温度自补偿法的工作原理可由式(1.11)得出,要实现温度自补偿,必须有

$$\alpha_0 = -K_0(\beta_g - \beta_s) \tag{1.17}$$

上式表明,当被测试件的线膨胀系数 β_g 已知时,如果合理选择敏感栅材料,即选择合适的电阻温度系数 α_0、灵敏系数 K_0 和线膨胀系数 β_s,使式(1.17)成立,则不论温度如何变化,均有 $\dfrac{\Delta R_t}{R_0} = 0$,从而可达到温度自补偿的目的。

所需单元和部件:可调直流稳压电源、-15 V 不可调直流稳电源、电桥、差动放大器、F/V 表、测微头、加热器、双平行梁、水银温度计(自备)、主/副电源。

有关旋钮的初始位置:主/副电源关闭,直流稳压电源置于 ±4 V 挡,F/V 表置于 20 V 挡,差动放大器增益旋钮置于最大。

三、实验步骤

(1) 了解加热器在实验仪上所在的位置及加热符号,加热器封装在双平行的上片梁与下片梁之间,结构为电阻丝。

(2) 将差动放大器的(+)、(-)输入端与地短接,输出端插口与 F/V 表的输入插口 V_i 相连。

(3) 开启主/副电源,调节差放零点旋钮,使 F/V 表显示零。再把 F/V 表的切换开关置 2 V 挡,细调差放零点,使 F/V 表显示零。关闭主/副电源,F/V 表的切换开关置 20 V 挡,拆去差动放大器输入端的连线。

(4) 按图 1.5 所示接线,开启主/副电源,调节电桥平衡网络的 W_1 电位器,使 F/V 表显示零,然后将 F/V 表的切换开关置 2 V 挡,调 W_1 电位器,使 F/V 表显示零。

(5) 在双平行梁的自由端(可动端)装上测微头,并调节测微头,使 F/V 表显示零。

(6) 将 -15 V 电源连到加热器一端的插口,加热器另一端插口接地;F/V 表的显示会

发生变化,待 F/V 表显示稳定后,记下显示数值,并用温度计(自备)测出温度,记下温度值(注意:温度计探头不要触碰应变片,触及应变片附近的梁体即可)。关闭主/副电源,等待数分钟使梁体冷却到室温。

(7) 将 F/V 表的切换开关置 20 V 挡,把图中的 R_3 换成应变片(补偿片),重复步骤(4)~(6)。

(8) 比较两种情况下的 F/V 表数值:在相同温度下,补偿后的数值小很多。

(9) 实验完毕,关闭主/副电源,所有旋钮转至初始位置。

四、思考题

为什么不能完全补偿?

项目六　金属箔式应变片的温度影响

一、实验目的

了解温度对应变测试系统的影响。

二、所需单元和部件

可调直流稳压电源、−15 V 不可调直流稳压电源、电桥、差动放大器、F/V 表、加热器、双平行悬臂梁、应变片、砝码、水银温度计(自备)、主/副电源。

有关旋钮的初始位置:主/副电源关闭,直流稳压电源置 ±4 V 挡,F/V 表置 20 V 挡,差动放大器增益旋钮置最大。

三、实验步骤

(1) 了解加热器在实验仪上所在的位置及加热符号,加热器封装在双孔悬臂梁下片梁的表面,结构为电阻丝。

(2) 将差动放大器的(+)、(−)输入端与地短接,输出端插口与 F/V 表的输入插口 V_i 相连。开启主/副电源,调节差放零点旋钮,使 F/V 表显示零。再把 F/V 表的切换开关置 2 V 挡,细调差放零点,使 F/V 表显示零。关闭主/副电源,F/V 表的切换开关置 20 V 挡,拆去差动放大器输入端的连线。

(3) 按图 1.5 所示接线,开启主/副电源,调电桥平衡网络的 W_1 电位器,使 F/V 表显示零,然后将 F/V 表的切换开关置 2 V 挡,调节 W_1 电位器,使 F/V 表显示零。

(4) 在传感器托盘上放上所有砝码,记下此时的电压数值。将 -15 V 电源连到加热器的一端插口,加热器另一端插口接地;F/V 表的显示会发生变化,待 F/V 表显示稳定后,记下显示数值。比较两种情况下的 F/V 表数值,可以发现温度对应变电桥的影响。

(5) 实验完毕,关闭主/副电源,所有旋钮转至初始位置。

实验二　金属箔式应变片的应用

项目一　移相器实验

一、实验目的

了解运算放大器构成的移相电路的原理及工作情况。

二、所需单元及部件

移相器、音频振荡器、双线(双踪)示波器、主/副电源。

三、实验步骤

(1) 了解移相器在实验仪上所在的位置及电路原理(图 2.1)。

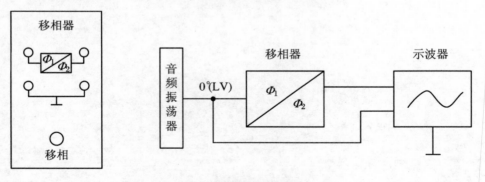

图 2.1　移相电路原理图

(2) 将音频振荡器的信号引入移相器的输入端(音频信号从 0°、180°插口输出均可),开启主/副电源。

(3) 将示波器的两根线分别接到移相器的输入和输出端,调整示波器,观察示波器的波形。

 (4) 旋动移相器上的电位器,观察两个波形间相位的变化。

 (5) 改变音频振荡器的频率,观察不同频率的最大移相范围。

四、思考题

 (1) 分析移相器的工作原理,并解释所观察到的现象。

 提示:$A_1, R_1, R_2, R_{W_1}, C_1$ 构成超前移相电路,在 $R_2 = R_1$ 时

$$KF_1(j\omega) = \frac{V_m}{V_{in}} = -\frac{1 - j\omega R_W C_2}{1 + j\omega R_2 C_1}$$

$$KF_1(\omega) = 1$$

$$\Phi F_1(\omega) = -\pi - 2t_g - 1\omega R_2 C_1$$

$A_2, R_4, R_5, R_{W_2}, C_2$ 构成滞后移相电路,在 $R_5 = R_4$ 时

$$KF_2(j\omega) = \frac{V_{out}}{V_m} = \frac{1 - j\omega R_W C_2}{1 + j\omega C_2}$$

$$KF_2(\omega) = 1$$

$$\Phi F_2(\omega) = -2t_g - 1\omega R_W C_1$$

$$\omega = 2\pi f$$

 分析:f 一定,$R_W = 0 \sim 10\ \text{k}\Omega$ 时的相移 $\Delta\Phi$;R_W 一定,f 变化时的相移 $\Delta\Phi$。

 (2) 如果将双线示波器改为单踪示波器,两路信号分别从 Y 轴和 X 轴送入,根据李沙育图形是否可完成此实验?

项目二　相敏检波器实验

一、实验目的

 了解相敏检波器的原理和工作情况。

二、所需单元和部件

 相敏检波器、移相器、音频振荡器、双踪示波器(自备)、直流稳压电源、低通滤波器、F/V 表、主/副电源。

 有关旋钮的初始位置:F/V 表置 20 V 挡,音频振荡器频率为 4 kHz,幅度置最小(逆时针到底),直流稳压电源输出置于 ±2 V 挡,主/副电源关闭。

三、实验步骤

(1) 了解相敏检波器和低通滤波器在实验仪面板上的符号。

(2) 根据图 2.2 所示的电路接线,将音频振荡器的信号 0°输出端输出至相敏检波器的输入端①,把直流稳压电源＋2 V 输出接至相敏检波器的参考输入端⑤,把示波器的两根输入线分别接至相敏检波器的输入端①和输出端③组成一个测量线路。

(3) 调整好示波器,开启主/副电源,调整音频振荡器的幅度旋钮,示波器输出电压峰—峰值为 4 V。观察输入波和输出波的相位和幅值关系。

(4) 改变参考电压的极性(除去直流稳压电源＋2 V 输出端与相敏检波器参考输入端⑤的连线,把直流稳压电源的－2 V 输出接至相敏检波器的参考输入端⑤,观察输入和输出波形的相位和幅值关系。由此可得出结论:

当参考电压为正时,输入和输出_____相,当参考电压为负时,输入和输出_____相,此电路的放大倍数为_____倍。

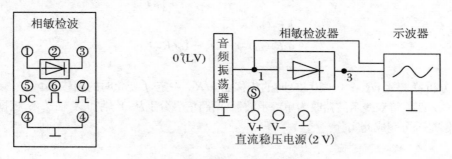

图 2.2　相敏检波电路的原理图

(5) 关闭主/副电源,根据图 2.3 所示电路重新接线,将音频振荡器的信号从 0°输出端输出至相敏检波器的输入端①;将 0°输出端输出接至相敏检波器的参考输入端②;把示波器的两根输入线分别接至相敏检波器的输入端①和输出端③;将相敏检波器输出端③同时与低通滤波器的输入端连接起来;将低通滤波器的输出端与直流电压表连接起来,组成一个测量线路(此时,F/V 表置于 20 V 挡)。

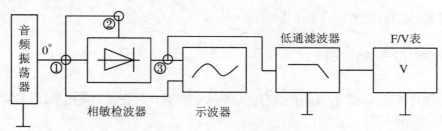

图 2.3　相敏检波电路的接线图

(6) 开启主/副电源,调整音频振荡器的输出幅度,同时记录电压表的读数,将其填入表2.1。

表2.1

$V_{i(p-p)}$ (V)	0.5	1	2	4	8	16
V_o (V)						

(7) 关闭主/副电源,根据图2.4所示的电路重新接线,将音频振荡器的信号从0°输出端输出至相敏检波器的输入端①;

将180°输出端输出接至移相器的输入端;

将移相器输出端接至相敏检波器的参考输入端②;

把示波器的两根输入线分别接至相敏检波器的输入端①和输出端③;

将相敏检波器输出端③同时与低通滤波器输入端连接起来;

将低通滤波器的输出端与直流电压表连接起来,组成一测量线路。

(8) 开启主/副电源,转动移相器上的移相电位器,观察示波器上的显示波形及电压表的读数,使得输出最大。

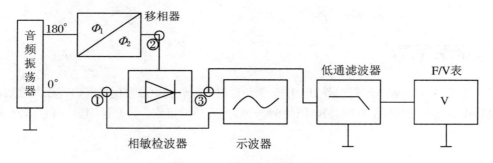

图2.4 移相器的接线图

(9) 调整音频振荡器的输出幅度,同时记录电压表的读数,填入表2.2。

表2.2

$V_{i(p-p)}$ (V)	0.5	1	2	4	6	8	16
V_o (V)							

四、思考题

(1) 根据实验结果,简述相敏检波器的作用以及移相器在实验线路中的作用(即参考端输入波形相位的作用)。

(2) 在完成步骤(5)后,将示波器的两根输入线分别接至相敏检波器的输入端①和附

23

加观察端⑥、②,观察波形并回答相敏检波器中的整形电路是将什么波转换成什么波,相位如何? 起什么作用?

(3) 当相敏检波器的输入与开关信号同相时,输出是什么极性的什么波? 电压表的读数是什么极性的最大值?

项目三　直流全桥的应用:电子秤

一、实验目的

掌握直流全桥的应用及电子秤的定标方法。

二、实验仪器

实验台、应变传感器模块、砝码。

三、相关原理

电子秤的原理与全桥测量原理相同,都是通过调节放大电路对电桥输出的放大倍数使电路输出电压值与质量对应,将电压量纲(V)转换为质量量纲(g),这样即成一台比较原始的电子秤。

四、实验内容与操作步骤

(1) 按实验一项目三的相同步骤接好线路并将差动放大器调零。

(2) 将 10 只砝码置于传感器的托盘上,调节电位器 W_3(满量程时的增益),使数显电压表显示为 0.200 V(2 V 挡测量)。

(3) 拿走托盘上所有砝码,观察数显电压表是否显示为 0.000 V。若不为零,再次将差动放大器调零以及加托盘后将电桥调零。

(4) 重复步骤(2)、(3),直到精确为止,把电压量纲(V)转换为质量量纲(g)即可以称重。

(5) 将砝码依次放到托盘上并读取相应的数显表数值,直到 200 g 砝码加完,记录数显表数值,填入表 2.3。

表 2.3

质量(g)								
电压(V)								

五、实验报告

(1) 根据记入表中的数据,计算灵敏度 $L\left(=\dfrac{\Delta U}{\Delta W}\right)$ 和非线性误差 δ。

(2) 去除砝码,在托盘上放一个质量未知的重物(不要超过 1 kg),记录电压表的读数。根据数显表数值,求出重物的质量。

项目四　交流全桥的应用:振动检测

一、实验目的

掌握交流全桥测量动态应变参数的方法。

二、实验仪器

实验台、振动源、应变传感器模块、示波器(自备)。

三、相关原理

将应变传感器模块电桥的直流电源 E 换成交流电源 $\dot{E}$,则构成一个交流全桥,其输出为

$$u = \dot{E} \cdot \frac{\Delta R}{R}$$

用交流电桥测量交流应变信号时,桥路输出为一调制波。

四、实验内容与操作步骤

(1) 不用模块上的应变电阻,改用振动梁上的应变片,通过导线连接到三源板的"应变输出"上。

(2) 将台面三源板上的应变输出用连接线接到应变传感器模块的黑色插座上。

因振动梁上的 4 片应变片已组成全桥,引出线为 4 芯线,因此可直接接入实验模板面上已联成电桥的 4 个插孔上。

对角线的阻值应为 350 Ω,若 2 组对角线阻值均为 350 Ω 则接线正确(万用表测量)。

(3) 根据图 2.5 所示,接好交流电桥调平衡电路及系统,R_8,R_{W_1},C,R_{W_2} 为交流电桥调平衡网络。

检查接线无误后,合上主控台电源开关,将音频振荡器的频率调节到 1 kHz 左右,调节幅度峰—峰值 $V_{p-p} = 10$ V(频率用频率/转速表监测,幅度用示波器监测)。

(4) 调节 R_{W_1},R_{W_2} 使示波器显示为一条过零点的直线。

(5) 将低频振荡器输出接入振动台激励源插孔,调节低频输出幅度和频率使振动台(圆盘)明显有振动。

(6) 低频振荡器幅度调节不变,改变低频振荡器输出信号的频率(用频率/转速表监测),用示波器检测频率改变时差动放大器输出调制波包络的电压峰—峰值,填入表 2.4。

表 2.4

f(Hz)									
$V_{o(p-p)}$ (V)									

五、实验报告

学生可利用上述移相/相敏检波器、低通滤波器解调出振动产生的信号。

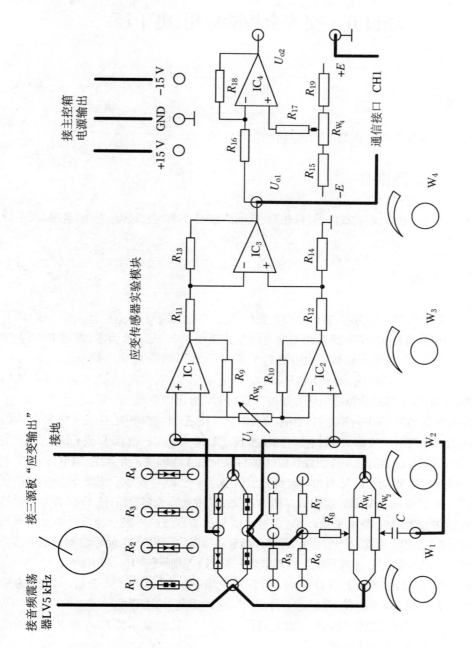

图2.5 交流电桥平衡电路

27

项目五　交流全桥的应用：电子秤

一、实验目的

了解交流供电的金属箔式应变片电桥的实际应用。

二、所需单元及部件

音频振荡器、电桥、差动放大器、移相器、低通滤波器、F/V 表、砝码、主/副电源、双平行梁、应变片。

三、实验步骤

(1) 差动放大器调整为零,将差动放大器(＋)、(－)输入端与地短接,输出端与 F/V 表输入端 V_i 相连,开启主/副电源后调差放的调零旋钮使 F/V 表显示为零,再将 F/V 表切换开关置 2 V 挡,再细调差放调零旋钮使 F/V 表显示为零,然后关闭主/副电源。

(2) 按图 2.5 所示接线,图中 R_1,R_2,R_3,R_4 为应变片;R_{w_1},R_{w_2},C,r 为交流电桥调节平衡网络,电桥交流激励源必须从音频振荡器的 LV 输出口引入。

(3) 按住振动梁(双平行梁)的自由端,旋转测微头使之远离振动梁自由端。将 F/V 表的切换开关置 20 V 挡,示波器 X 轴扫描时间切换到 $0.1\sim0.5$ ms,Y 轴 CH₁ 或 CH₂ 切换开关置 5 V/div,音频振荡器的频率旋钮置 5 kHz,幅度旋钮置 1/4 幅度。开启主/副电源,调节电桥网络中的 W₁ 和 W₂,使 F/V 表和示波器显示最小。再把 F/V 表和示波器 Y 轴的切换开关分别置 2 V 挡和 50 mV/div,细调 R_{w_1} 和 R_{w_2} 及差动放大器调零旋钮,使 F/V 表的显示值最小,示波器的波形为一条水平线(F/V 表显示值与示波器图形不完全相符时两者兼顾即可)。用手按住梁的自由端以产生一个大位移,调节移相器的移相旋钮,使示波器显示全波检波的图形,放手后,梁复原,示波器图形应基本成一条直线,否则调节 R_{w_1} 和 R_{w_2}。

(4) 在梁的自由端加上所有砝码,调节差放增益旋钮,使 F/V 表显示对应的量值,去除所有砝码,调 R_{w_1} 使 F/V 表显示为零,这样重复几次即可。

(5) 在梁自由端(磁钢处)逐一加上砝码,把 F/V 表的显示值填入表 2.5。作出 V-W 关系曲线,并计算灵敏度

$$S = \frac{\Delta V}{\Delta W}$$

其中,ΔV 为电压变化量,ΔW 为相应的质量变化量。

表 2.5

质量 m(g)				...
电压 V(mV)				...

（6）梁自由端放上一个质量未知的重物，记录 F/V 表的显示值，得出未知重物的质量。

（7）实验完毕，关闭主/副电源，各旋钮置初始位置。

注意事项：

砝码和重物应放在梁自由端磁钢上的同一点。

四、思考题

要将这个电子秤方案投入实际应用还要做哪些改进？

项目六　金属应变传感器的应用：电子秤 *

一、实验目的

了解金属箔式应变片的应变效应，掌握电子秤的结构组成。

二、实验模块及部件

实验台、应变传感器实验模块、托盘、砝码、万用表（自备）。

三、相关原理

电阻丝在外力作用下发生机械变形时，其电阻值发生变化，这就是电阻应变效应，描述电阻应变效应的关系式为

$$\frac{\Delta R}{R} = K\varepsilon$$

式中，$\frac{\Delta R}{R}$ 为电阻丝电阻相对变化；K 为应变灵敏系数；$\varepsilon = \frac{\Delta l}{l}$ 为电阻丝长度相对变化。金属箔式应变片就是通过光刻、腐蚀等工艺制成的应变敏感组件，如图 2.6 所示，4 个金属箔应变片分别贴在弹性体的上下两侧，弹性体受到压力发生形变，应变片随弹性体形变被拉伸或压缩。

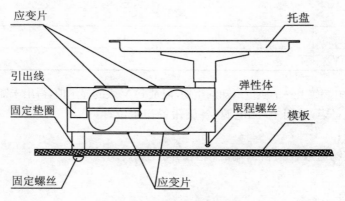

图 2.6　应变传感器安装图

　　将受力性质相同的两只应变片接到电桥的对边,接入不同的邻边,组成全桥测量电路,如图 2.7 所示,当应变片初始值相等,变化量也相等时,其桥路输出

$$U_o = KE\epsilon$$

四、实验内容与操作步骤

　　(1) 应变传感器已安装在应变传感器实验模块上,可参考图 2.6。

　　(2) 差动放大器的调零。将差动放大电路输入端 U_i 短接并接地,调节 R_{w_4},使差动放大电路输出 U_{o2} 为零。

　　(3) 按图 2.7 所示接线,将受力相反(一片受拉、一片受压)的两对应变片分别接入电桥的邻边。

　　(4) 加托盘后电桥调零,将托盘加在应变传感器上,调节 R_{w_1},使差动放大电路输出 U_{o2} 为零。

　　(5) 将 200 g 砝码全部加到托盘内,调节 R_{w_2},使模块输出 U_{o2} 为 0.2 V(选择直流电压表 2 V 挡),将砝码全部移出,观察模块输出 U_{o2} 是否为零,如不为零则重复步骤(2)、(3)、(4)、(5)。

　　(6) 在应变传感器托盘上放置一只砝码,读取数显表数值,依次增加砝码并读取相应的数显表值,直到 200 g 砝码加完,记录数显表值,填入表 2.6,在托盘内放一未知物(质量小于 1 kg),测出其质量。

　　关闭电源。

表 2.6

质量 m(g)								
电压 V(mV)								

　　根据表 2.6 中的数据,计算电子秤的灵敏度 $L\left(=\dfrac{\Delta U}{\Delta W}\right)$ 和非线性误差 δf_3。

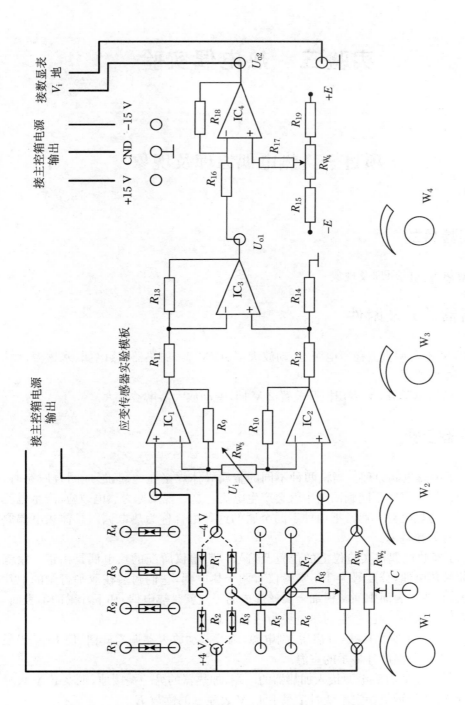

图2.7　交全桥测量电路图

实验三　热电偶实验

项目一　热电偶原理及现象

一、实验目的

了解热电偶的原理及现象。

二、所需单元及附件

－15 V 不可调直流稳压电源、差动放大器、F/V 表、加热器、热电偶、水银温度计（自备）、主/副电源。

旋钮初始位置：F/V 表切换开关置 2 V 挡，差动放大器增益最大。

三、实验步骤

（1）了解热电偶原理。当将两种不同的金属导体焊接在一起，形成闭合回路时，如果两个连接点温度不同则回路中就会产生电流。这一现象称为热电效应，产生电流的电动势称为热电势。通常把两种不同金属的这种组合称为热电偶。具体热电偶原理可参阅有关教科书。

（2）了解热电偶在实验仪上的位置及符号。实验仪所配的热电偶是由铜—康铜组成的简易热电偶，分度号为 T。实验仪有两个热电偶，它们封装在双平行梁的上片梁的上表面（在梁表面中间两根细金属丝焊成的一点就是热电偶）和下片梁的下表面，两个热电偶串联在一起，产生的热电势为两者的总和。

（3）按图 3.1 所示接线，开启主/副电源，调节差动放大器调零旋钮，使 F/V 表显示零，记录下自备温度计显示的室温。

（4）将－15 V 直流电源接入加热器的一端，加热器的另一端接地，观察 F/V 表显示值的变化，待显示值稳定不变时记录下 F/V 表显示的读数 E。

（5）用自备的温度计测出上梁表面热电偶处的温度 t 并记录下来（注意：温度计

的测温探头不要触到应变片,只需触及热电偶处附近的梁体即可)。

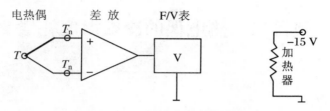

图 3.1　热电偶测量电路图

(6) 热电偶的热电势与温度之间的关系式如下:

$$E_{ab}(t,t_0) = E_{ab}(t,t_n) + E_{ab}(t_n,t_0)$$

式中,t 为热电偶的热端(工作端或称测温端)温度;t_n 为热电偶的冷端(自由端即热电势输出端)温度也就是室温;t_0 为 0 ℃。

① 热端温度为 t,冷端温度为室温,时热电势为

$$E_{ab}(t,t_n) = \frac{E}{100 \times 2}$$

式中,E 为 F/V 表显示读数,100 为差动放大器的放大倍数,2 为两个热电偶串联。

② 热端温度为室温,冷端温度为 0 ℃时铜—康铜热电偶的热电势 $E_{ab}(t_n,t_0)$:查热电偶自由端为 0 ℃时的热电势和温度的关系表(铜—康铜热电偶分度表),得到室温(温度计测得)时的热电势。

③ 计算热端温度为 t,冷端温度为 0 ℃时的热电势 $E_{ab}(t,t_0)$。根据计算结果,查分度表得到温度 t。

(7) 将热电偶测得的温度值与自备温度计测得的温度值进行比较(注意:本实验仪所配的热电偶为简易热电偶,并非标准热电偶,仅用于了解热电势现象)。

(8) 实验完毕,关闭主/副电源,尤其是加热器 -15 V 电源(自备温度计测出温度后马上拆去 -15 V 电源连接线),其他旋钮置原始位置。

四、思考题

(1) 为什么差动放大器接入热电偶后需再调差放零点?

(2) 为什么即使采用标准热电偶按本实验方法测量温度也会有很大误差?

项目二　热电偶的冷端温度补偿

一、实验目的

了解热电偶冷端温度补偿的原理和方法。

二、实验仪器

智能调节仪、Pt100、K型热电偶、E型热电偶、温度源、温度传感器实验模块。

三、相关原理

热电偶冷端温度补偿的方法有：冰水法、恒温槽法和电桥自动补偿法（图3.2）。其中，电桥自动补偿法常用，它是在热电偶和测温仪表之间接入一个直流电桥，称冷端温度补偿器，补偿器电桥在0℃时达到平衡（亦有20℃平衡的）。当热电偶自由端温度升高时（＞0℃）热电偶回路电势 U_{ab} 下降，由于补偿器中PN呈负温度系数，其正向压降随温度升高而下降，促使 U_{ab} 上升，其值正好补偿热电偶因自由端温度升高而降低的电势，可达到补偿目的。

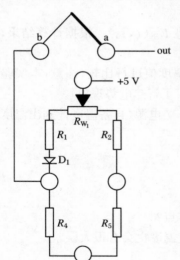

图3.2　热电偶电桥自动补偿法

四、实验内容与操作步骤

（1）选择智能调节仪的控制对象为温度，将温度传感器Pt100接入"Pt100输入"（同色的两根接线端接蓝色插座，另一根接黑色插座），打开实验台总电源，并记下此时的实验室温度 t_2。

（2）重复实验，将温度控制在50℃，在另一个温度传感器插孔中插入K型热电偶温度传感器。

（3）将±15 V直流稳压电源接入温度传感器实验模块中。温度传感器实验模块的输出 U_{o2} 接主控台直流电压表。

（4）将温度传感器模块上差动放大器的输入端 U_i 短接，调节 W_3 到最大位置，再调节电位器 W_4 使直流电压表显示为零。

（5）拿掉短路导线，按图3.3所示接线，并将 K 型热电偶的两个引线分别接入模块 b⌒a 两端（红接 a，绿接 b）；调节 W_1 使温度传感器输出 U_{o2} 电压值为 AE_2（A 为差动放大器的放大倍数，E_2 为 K 型热电偶 50 ℃时对应的输出电势）。

（6）改变温度源的温度，每隔 5 ℃记下 U_{o2} 的输出值，直到温度升至 120 ℃。将实验结果填入表3.1。

表 3.1

t(℃)								
U_{o2}(V)								

五、实验报告

（1）根据上表的实验数据，作出 $\dfrac{U_{o2}}{A}$-t 曲线，并与分度表（表3.2）进行比较，分析电桥自动补偿法的补偿效果。

（2）换另一只 E 型热电偶做冷端补偿实验。

表 3.2　K 型热电偶分度表　　　　　（分度号：K；单位：mV）

温度(℃)	0	1	2	3	4	5	6	7	8	9
0	0	0.039	0.079	0.119	0.158	0.198	0.238	0.277	0.317	0.357
10	0.397	0.437	0.477	0.517	0.557	0.597	0.637	0.677	0.718	0.758
20	0.798	0.858	0.879	0.919	0.960	1.000	1.041	1.081	1.122	1.162
30	1.203	1.244	1.285	1.325	1.366	1.407	1.448	1.480	1.529	1.570
40	1.611	1.652	1.693	1.734	1.776	1.817	1.858	1.899	1.940	1.981
50	2.022	2.064	2.105	2.146	2.188	2.229	2.270	2.312	2.353	2.394
60	2.436	2.477	2.519	2.560	2.601	2.643	2.684	2.726	2.767	2.809
70	2.850	2.892	2.933	2.975	3.016	3.058	30100	3.141	3.183	3.224
80	3.266	3.307	3.349	3.390	3.432	3.473	3.515	3.556	3.598	3.639
90	3.681	3.722	3.764	3.805	3.847	3.888	3.930	3.971	4.012	4.054
100	4.095	4.137	4.178	4.219	4.261	4.302	4.343	4.384	4.426	4.467
110	4.508	4.549	4.600	4.632	4.673	4.714	4.755	4.796	4.837	4.878
120	4.919	4.960	5.001	5.042	5.083	5.124	5.161	5.205	5.2340	5.287
130	5.327	5.368	5.409	5.450	5.190	5.531	5.571	5.612	5.652	5.693
140	5.733	5.774	5.814	5.855	5.895	5.936	5.976	6.016	6.057	6.097
150	6.137	6.177	6.218	6.258	6.298	6.338	6.378	6.419	6.459	6.499

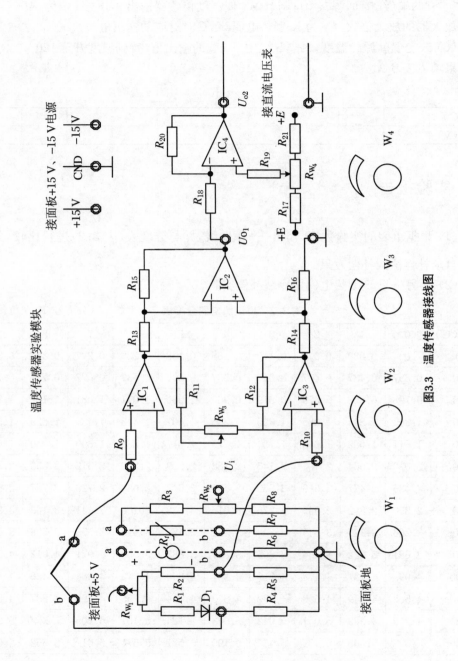

图3.3 温度传感器接线图

表 3.3　E 型热电偶分度表　　　　（分度号：E；单位：mV）

温度（℃）	热电动势（mV）									
	0	1	2	3	4	5	6	7	8	9
0	0.000	0.059	0.118	0.176	0.235	0.295	0.354	0.413	0.472	0.532
10	0.591	0.651	0.711	0.770	0.830	0.890	0.950	1.011	1.071	1.131
20	1.192	1.252	1.313	1.373	1.434	1.495	1.556	1.617	1.678	1.739
30	1.801	1.862	1.924	1.985	2.047	2.109	2.171	2.233	2.295	2.357
40	2.419	2.482	2.544	2.057	2.669	2.732	2.795	2.858	2.921	2.984
50	3.047	3.110	3.173	3.237	3.300	3.364	3.428	3.491	3.555	3.619
60	3.683	3.748	3.812	3.876	3.941	4.005	4.070	4.134	4.199	4.264
70	4.329	4.394	4.459	4.524	4.590	4.655	4.720	4.786	4.852	4.917
80	4.983	5.047	5.115	5.181	5.247	5.314	5.380	5.446	5.513	5.579
90	5.646	5.713	5.780	5.846	5.913	5.981	6.048	6.115	6.182	6.250
100	6.317	6.385	6.452	6.520	6.588	6.656	6.724	6.792	6.860	6.928
110	6.996	7.064	7.133	7.201	7.270	7.339	7.407	7.476	7.545	7.614
120	7.683	7.752	7.821	7.890	7.960	8.029	8.099	8.168	8.238	8.307
130	8.377	8.447	8.517	8.587	8.657	8.827	8.842	8.867	8.938	9.008
140	9.078	9.149	9.220	9.290	9.361	9.432	9.503	9.573	9.614	9.715
150	9.787	9.858	9.929	10.000	10.072	10.143	10.215	10.286	10.358	10.429

项目三　E 型热电偶测量温度

一、实验目的

了解 E 型热电偶的特性与应用。

二、实验仪器

智能调节仪、Pt100、E 型热电偶、温度源、温度传感器实验模块。

三、相关原理

E 型热电偶传感器的工作原理同 K 型热电偶传感器的工作原理相同。

四、实验内容与步骤

(1) 重复本实验项目三,将温度传感器换作 E 型热电偶。

(2) 改变温度源温度每隔 5 ℃记下 U_{o2} 输出值,直到温度升至 120 ℃。将实验结果填入表 3.4。

表 3.4

$T(℃)$										
$U_{o2}(V)$										

五、实验报告

(1) 根据表 3.5 中的实验数据,作出 $U_{o2}\text{-}T$ 曲线,分析 K 型热电偶的温度特性曲线,计算其非线性误差。

(2) 根据中间温度定律和 E 型热电偶分度表,用平均值计算出差动放大器的放大倍数 A。

实验四　差动变压器实验

项目一　差动变压器性能测试

一、实验目的

掌握差动变压器测量位移的方法。

二、实验仪器

实验台、差动变压器模块、测微头、差动变压器、示波器(自备)。

三、相关原理

差动变压器由一只初级线圈、两只次级线圈及一个铁芯组成的。铁芯连接被测物体,移动线圈中的铁芯,使初级线圈和次级线圈之间的互感发生变化促使次级线圈的感应电动势发生变化,一只次级感应电动势增加,另一只感应电动势则减小,将两只次级线圈反向串接(同名端连接)引出差动输出。输出的变化反映了被测物体的移动量。

四、实验内容与操作步骤

(1) 将差动变压器安装在差动变压器模块上。

(2) 将传感器引线插头插入模块的插座中,音频信号由振荡器的"0°"处输出。打开主控台电源,调节音频信号输出的频率和幅度(用示波器监测),使输出信号频率为 4~5 kHz,幅度 V_{p-p} 为 2 V,按图 4.1 所示接线(1、2 接音频信号,3、4 为差动变压器输出,接放大器输入端)。

(3) 用示波器观测 U_o 的输出,旋动测微头,使示波器上观测到的波形峰—峰值 V_{p-p} 为最小。这时可以左右移位,假设其中一个方向为正位移,另一个方向为负位移,从 V_{p-p} 最小开始旋动测微头,每隔 0.2 mm 从示波器上读出输出电压 V_{p-p} 值,填入表 4.1；再从 V_{p-p} 最小处反向旋动测微头。在操作过程中，注意左、右位移时，初、次级波形的相位关系。

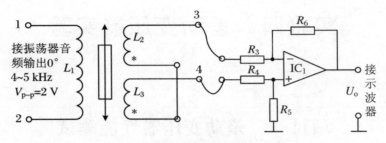

图 4.1　差动变压器实验接线图

五、实验报告

操作过程中注意差动变压器输出的最小值即为差动变压器的零点残余电压。根据表 4.1 中的数据画出 $V_{o(p-p)}$-X 曲线，求出量程为 ±1 mm、±3 mm 时的灵敏度和非线性误差。

表 4.1

V(mV)								
X(mm)								

项目二　差动变压器零点残余电压补偿

一、实验目的

掌握差动变压器零点残余电压补偿的方法。

二、实验仪器

实验台、差动变压器模块、测微头、差动变压器、示波器（自备）。

40

三、相关理论

因为差动变压器两只次级线圈的等效参数不对称,初级线圈的纵向排列不均匀,次级线圈的不均匀、不一致性,铁芯的 *B-H* 特性非线性等,所以在铁芯处于差动线圈中间位置时其输出并不为零,称其为零点残余电压。

四、实验内容与操作步骤

(1) 安装好差动变压器,利用示波器观测并调整音频振荡器"0°"输出为 4 kHz,2 V 峰—峰值;按图 4.2 所示接线。

(2) 模块 R_1,C_1,R_{W_1},R_{W_2} 为电桥单元中的调平衡网络。

(3) 用示波器监测放大器输出。

(4) 调整测微头,使放大器输出信号最小。

(5) 依次调整 R_{W_1},R_{W_2},使示波器显示的电压输出波形幅值降至最小。

(6) 此时示波器显示即为零点残余电压的波形。

(7) 记下差动变压器的零点残余电压值峰—峰值($V_{o(p\text{-}p)}$)(注:此时的零点残余电压经放大后的零点残余电压 $= V_{o(p\text{-}p)}/K$,K 为放大倍数)。

(8) 可以看出,经过补偿后的残余电压的波形是一不规则波形,这说明波形中有高频成分存在。

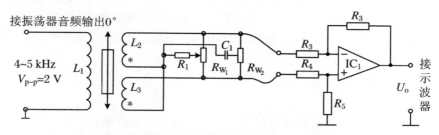

图 4.2　差动变压器的零点残余电压补偿实验原理图

五、实验报告

分析经过补偿的零点残余电压波形。

项目三　激励频率对差动变压器特性的影响测试

一、实验目的

了解初级线圈激励频率对差动变压器输出性能的影响。

二、实验仪器

实验台、差动变压器模块、测微头、差动变压器、示波器(自备)。

三、相关理论

差动变压器输出电压的有效值可以近似表示为

$$U_\text{o} = \frac{\omega(M_1 - M_2) \cdot U_\text{i}}{\sqrt{R_\text{p}^2 + \omega^2 L_\text{p}^2}} \tag{4-1}$$

其中,L_p,R_p 为初级线圈的电感和损耗电阻;U_i,ω 为激励信号的电压和频率;M_1, M_2 为初级与两次级线圈的互感系数。由关系式可以看出,当初级线圈激励频率太低时,$R_\text{p}^2 > \omega^2 L_\text{p}^2$,则输出电压 U_o 受频率变动影响较大,且灵敏度较低,只有当 $\omega^2 L_\text{p}^2 \gg R_\text{p}^2$ 时输出 U_o 与 ω 无关,当然 ω 过高会使线圈寄生电容增大,影响系统的稳定性。

四、实验内容与操作步骤

(1) 按照实验五安装传感器和接线。开启实验台电源开关。

(2) 选择音频信号的频率为 1 kHz,$V_\text{p-p}=2$ V。(用示波器监测)。

(3) 用上示波器观察 U_o 输出波形,移动铁芯至中间位置即输出信号最小时的位置。固定测微头。

(4) 旋动测微头,向左(或右)旋到离中心位置 1 mm 处,使 U_o 有较大的输出。

(5) 从 1~9 kHz 改变激励频率,幅值不变,频率由频率/转速表监测。将测试结果填入表 4.2。

表 4.2

f(kHz)	1	2	3	4	5	6	7	8	9
V_o(V)									

五、实验报告

根据表 4.2 中数据作出幅频特性曲线。

项目四　差动变压器的标定

一、实验目的

了解差动变压器测量系统的组成和标定方法。

二、所需单元及部件

音频振荡器、差动放大器、差动变压器、移相器、相敏检波器、低通滤波器、测微头、电桥、F/V 表、示波器、主/副电源。

三、有关旋钮初始位置

音频振荡调至 4~8 kHz,差动放大器的增益打到最大,F/V 表置 2 V 挡,主/副电源关闭。

四、实验步骤

(1) 按图 4.3 所示接好线路。

(2) 装上测微头,上下调整使差动变压器铁芯处于线圈的中段位置。

(3) 开启主/副电源,利用示波器,调整音频振荡器幅度旋钮,使激励电压峰—峰值为 2 V。

(4) 利用示波器和电压表,调整各调零及平衡电位器,使电压表指示为零。

(5) 给梁一个较大的位移,调整移相器,使电压表指示为最大,同时可用示波器观察相敏检波器的输出波形。

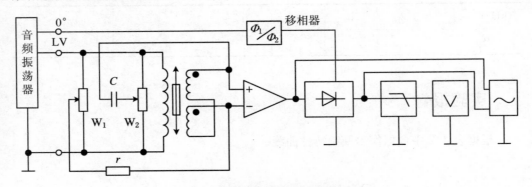

图 4.3　差动变压器标定实验原理图

(6) 旋转测微头,每隔 0.1 mm 读数记录实验数据,填入表 4.3,作出 *V-X* 曲线,并求出灵敏度。

表 4.3

X(mm)				...
V(mV)				...

五、注意事项

如果接着做下一个实验则各旋钮及接线不得变动。

项目五　差动变压器的应用:振动测量

一、实验目的

了解差动变压器的实际应用。

二、所需单元及部件

音频振荡器、差动放大器、移相器、相敏检波器、电桥、低通滤波器、F/V 表、低频振荡器、激振器、示波器、主/副电源、差动变压器、振动平台。

三、有关旋钮初始位置

音频振荡调至 4～8 kHz 之间,差动放大器增益打到最大,低频振荡器频率钮置最小,幅值钮置中。

四、实验步骤

(1) 保持实验图 4.3 所示的接线,调节测微头远离振动台(不用测微头),将低频振荡器输出 V_0 接入激振振动台线圈一端,线圈另一端接地,开启主/副电源,调节低频振荡器幅度钮置中,频率从最小慢慢调大,让振动台起振并使振动幅度适中(如振动幅度太小可调节幅度旋钮)。

(2) 将音频钮置 5 kHz,幅度钮置 2 V_{p-p}。用示波器观察各单元:差放、检波、低通输出的波形(示波器 X 轴扫描为 5～10 ms/div,Y 轴 CH_1 或 CH_2 旋钮打到 0.2～2 V)。

(3) 保持低频振荡器的幅度不变,调节低频振荡器的频率,用示波器观察低通滤波器的输出,读出峰—峰电压值,记下实验数据填入表 4.4。

表 4.4

f(Hz)	3	4	5	6	7	8	10	12	20	25
V_{p-p}(V)										

(4) 根据实验结果作出梁的振幅—频率(幅频)特性曲线,指出振动平台自振频率(谐振频率)的大致值,并与用应变片测出的实验结果相比较。

(5) 实验完毕,关闭主/副电源。

五、注意事项

适当选择低频激振电压,以免振动平台在自振频率附近振幅过大。

六、思考题

如果用直流电压表来读数,需增加哪些测量单元? 测量线路该如何设计?

项目六 差动变压器的应用:电子秤

一、实验目的

了解差动变压器的实际应用。

二、所需单元及部件

音频振荡器、差动放大器、移相器、相敏检波器、低通滤波器、F/V 表、电桥、砝码、振动平台、主/副电源。

三、有关旋钮初始位置

音频振荡器调至 5 kHz,F/V 表置 2 V 挡。

四、实验步骤

(1) 按图 4.3 所示接线并调整好电路各个部分的零位。

(2) 开启主/副电源,利用示波器观察调节音频振荡器的幅度钮,使音频振荡器的峰—峰值输出为 2 V。

(3) 将测量系统调零。

(4) 适当调整差动放大器的放大倍数,使在称重平台上放上所有砝码时电压表指示不溢出。

(5) 去掉砝码,必要的话将系统重新调零。然后逐个加上砝码,读出表头读数,记下实验数据,填入表 4.5。

表 4.5

$W(\text{g})$					...
$V_{\text{p-p}}(\text{V})$					...

(6) 去掉砝码,在平台上放一个质量未知的重物,记下电压表读数。关闭主/副电源。

(7) 利用所得数据,求得系统灵敏度及重物的质量。

五、注意事项

(1) 砝码不宜太重,以免梁端位移过大。

(2) 砝码应放在平台中间部位,为使操作方便,可将测微头卸掉。

实验五　电容传感器实验

项目一　电容传感器的位移特性测试

一、实验目的

了解电容传感器的结构及特点。

二、实验仪器

电容传感器、电容传感器模块、测微头、数显直流电压表、直流稳压电源、绝缘护套。

三、相关原理

电容式传感器是指能将被测物理量的变化转换为电容量变化的一种传感器,它实质上是一个参数可变的电容器。利用平板电容器原理,有

$$C = \frac{\varepsilon S}{d} = \frac{\varepsilon_0 \cdot \varepsilon_r \cdot S}{d} \tag{5.1}$$

式中,S 为极板面积,d 为极板间距离,ε_0 为真空介电常数,ε_r 为介质相对介电常数。由此可以看出当被测物理量使 S,d 或 ε_r 发生变化时,电容量 C 随之发生改变,如果保持其中两个参数不变而仅改变另一参数,就可以将该参数的变化单值地转换为电容量的变化。所以电容传感器可以分为三种类型:改变极间距离的变间隙式、改变极板面积的变面积式和改变介质电常数的变介电常数式。这里采用变面积式电容传感器,如

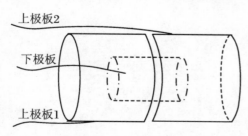

图 5.1　平行板电容示意图

图 5.1 所示,两只平板电容器共享一个下极板,当下极板随被测物体移动时,两只电容器上下极板的有效面积一只增大,一只减小,将三个极板用导线引出,形成差动电容输出。

四、实验内容与操作步骤

(1) 按图 5.2 所示将电容传感器安装在电容传感器模块上,将传感器引线插入实验模块插座中。

(2) 将电容传感器模块的输出 U_o 接到数显直流电压表。

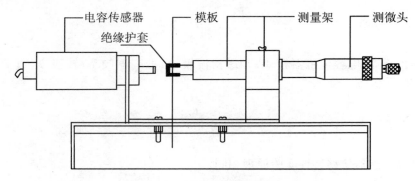

图 5.2　电容传感器安装图

(3) 接入 ±15 V 电源,合上主控台电源开关,将电容传感器调至中间位置,调节 R_w,使数显直流电压表显示为 0(选择 2 V 挡)(R_w 确定后不能改动)。

(4) 旋动测微头推进电容传感器的共享极板(下极板),每隔 0.2 mm 记下位移量 X 与输出电压值 V 的变化,填入表 5.1。

表 5.1

X(mm)								
V(mV)								

五、实验报告

根据表 5.1 中记录的数据计算电容传感器的系统灵敏度 S 和非线性误差 δ_f。

项目二 电容传感器的动态特性测试

一、实验目的

了解电容传感器的动态性能的测量原理与方法。

二、实验仪器

电容传感器、电容传感器模块、相敏检波模块、振荡器频率/转速表、直流稳压电源、振动源、示波器。

三、相关原理

与电容传感器位移特性实验原理相同。

四、实验内容与操作步骤

(1) 将电容传感器安装到振动源传感器支架上,传感器引线接入传感器模块,输出端 U_o 接相敏检波模块低通滤波器的输入 U_i 端,低通滤波器输出 U_o 接示波器。调节 R_W 到最大位置(顺时针旋到底),通过"紧定旋钮"使电容传感器的动极板处于中间位置,U_o 输出为 0。

(2) 主控台振荡器"低频输出"接到振动台的"激励源",振动频率选"5~15 Hz",振动幅度初始调到零。

(3) 将实验台 ±15 V 的电源接入实验模块,检查接线无误后,打开实验台电源,调节振动源激励信号的幅度,用示波器观察实验模块输出波形。

(4) 保持振荡器"低频输出"的幅度旋钮不变,改变振动频率(用数显频率计监测),用示波器测出 U_o 输出的峰—峰值,保持频率不变,改变振荡器"低频输出"的幅度,测量 U_o 输出的峰—峰值,填入表 5.2。

表 5.2

振动频率 f(Hz)	5	6	7	8	9	10	11	12	13	14	15	18	20	22	24
$V_{\text{p-p}}$(V)															

五、实验报告

分析差动电容传感器测量振动的波形,作 f-$V_{\text{p-p}}$ 曲线,找出振动源的固有频率。

实验六　霍尔传感器实验

项目一　直流激励时霍尔传感器的静态位移特性测试

一、实验目的

了解霍尔传感器的原理与应用。

二、实验仪器

霍尔传感器模块、霍尔传感器、测微头、直流电源、数显电压表。

三、相关原理

根据霍尔效应,霍尔电势

$$U_H = K_H IB$$

其中,K_H 为灵敏度系数,由霍尔材料的物理性质决定,当通过霍尔组件的电流 I 一定,而霍尔组件在一个梯度磁场中运动时,就可以进行位移测量。

四、实验内容与操作步骤

(1) 将霍尔传感器安装到霍尔传感器模块上,传感器引线接到霍尔传感器模块 9 芯航空插座,按图 6.1 所示接线。

(2) 开启电源,直流数显电压表选择 2 V 挡,将测微头的起始位置调到 10 mm 处,手动调节测微头的位置,先使霍尔片大概处在磁钢的中间位置(数显表大致为 0),固定测微头,再调节 R_{W_1} 使数显表显示为零。

(3) 分别向左、右不同方向旋动测微头,每隔 0.2 mm 记下一个读数,直到读数近似不变,将读数填入表 6.1。

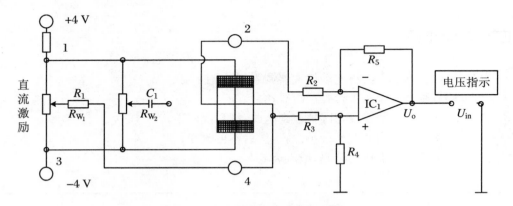

图 6.1　霍尔传感器直流激励接线图

表 6.1

X(mm)									
U(mV)									

五、实验报告

作出 U-X 曲线,计算不同线性范围时霍尔传感器的灵敏度和非线性误差。

项目二　霍尔传感器的应用:电子秤

一、实验目的

了解霍尔式传感器在静态测量中的应用。

二、所需单元及部件

霍尔片、磁路系统、差动放大器、直流稳压电源、电桥、砝码、F/V 表、主/副电源、振动平台。

三、有关旋钮初始位置

直流稳压电源置 2 V 挡,F/V 表置 2 V 挡,主/副电源关闭。

四、实验步骤

（1）开启主/副电源,将差动放大器调零,关闭主/副电源。
（2）调节测微头脱离平台并远离振动台。
（3）按图 6.1 所示接线,开启主/副电源,将系统调零。
（4）差动放大器增益调至最小位置,然后不再改变。
（5）在称重平台上放上砝码,填入表 6.2。

表 6.2

W(g)				...
V(V)				...

（6）在平面上放一个未知质量重物,记下表头读数。根据实验结果作出 V-W 曲线,求得未知质量。

五、注意事项

（1）此霍尔传感器的线性范围较小,所以砝码和重物不应太重。
（2）砝码应置于平台的中间部分。

项目三 交流激励时霍尔传感器的位移特性测试

一、实验目的

了解交流激励时霍尔传感器的特性。

二、实验仪器

霍尔传感器模块、移相相敏检波模块、霍尔传感器、测微头、直流电源、数显电压表。

三、相关原理

交流激励时的霍尔式传感器与直流激励的霍尔传感器的基本工作原理相同,不同之处是测量电路。

四、实验内容与操作步骤

（1）将霍尔传感器安装到霍尔传感器实验模块上,接线如图 6.2 所示。

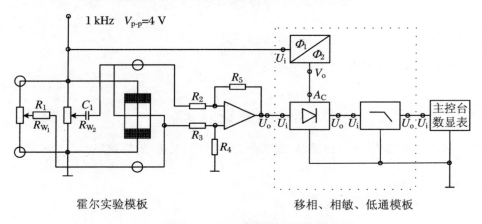

霍尔实验模板　　　　　　　移相、相敏、低通模板

图 6.2　霍尔传感器实验接线图

（2）调节振荡器的音频调频和音频调幅旋钮,使音频振荡器的"0°"输出端输出频率为 1 kHz, $V_{p-p} = 4$ V 的正弦波(注意:峰—峰值不应过大,否则会烧毁霍尔组件)。

（3）开启电源,直流数显电压表选择 2 V 挡,将测微头的起始位置调到 10 mm 处,手动调节测微头的位置,使霍尔片位置大概处在磁钢的中间(数显表大致为 0),固定测微头,再调节 R_{w_1}, R_{w_2},用示波器检测调节使霍尔传感器模块输出 U_o 为一条直线。

（4）移动测微头,使霍尔传感器模块有较大输出,调节移相器旋钮,使检波器输出为一全波。

（5）退回测微头,使数字电压表显示为 0,以此作为 0 点,每隔 0.2 mm 记一个读数,直到读数近似不变,将读数填入表 6.3。

表 6.3

X(mm)											
U(mV)											

五、实验报告

作出 U-X 曲线,计算不同线性范围时霍尔传感器的灵敏度和非线性误差。

项目四　霍尔传感器的应用:测量振动

一、实验目的

了解霍尔组件的应用——测量振动。

二、实验仪器

霍尔传感器模块、霍尔传感器、振动源、直流稳压电源、通信接口。

三、相关原理

这里采用直流电源激励霍尔组件。

四、实验内容与操作

（1）将霍尔传感器安装在振动台上,传感器引线接到霍尔传感器模块的 9 芯航空插座上,按图 6.3 所示接线,打开主控台电源。

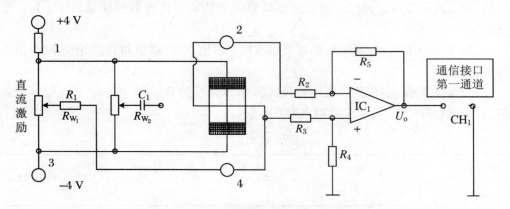

图 6.3　霍尔传感器测量振动实验接线图

（2）先将传感器固定在传感器支架的连桥板上,调节"紧定旋钮"和"微动升降旋钮"使霍尔传感器大致处于磁芯的中间位置,调节 R_{W_1} 使输出 U_o 为 0;调节"低频调幅"旋钮到中间位置,调节"低频调频"旋钮使低频输出为 5 Hz,将实验台上的"低频输出"接到三源板的"激振源输入",使振动梁振动。

（3）通过通信接口的 CH_1 通道用上位机软件观测其输出波形。

可调节"低频调幅"和"低频调频"旋钮,观测振动源在不同振幅和频率的波形（避免在"低频调幅"最大的时候使振动台达到共振,共振频率控制在 13 Hz 左右,以免损坏传感器）。

五、实验报告

（1）选择不同的中心点测量振动,比较霍尔输出波形的变化并分析其原因。

（2）用交流激励霍尔组件时输出应是什么波形?

实验七　压电传感器实验

项目一　压电传感器的动态响应实验

一、实验目的

了解压电式传感器的原理、结构及应用。

二、所需单元及设备

低频振荡器、电荷放大器、低通滤波器、单芯屏蔽线、压电传感器、双线示波器、激振线圈、磁电传感器、F/V 表、主/副电源、振动平台。

三、有关旋钮的初始位置

低频振荡器的幅度旋钮置于最小,F/V 表置 2 kHz 挡。

四、实验步骤

(1) 观察压电式传感器的结构,根据图 7.1 所示的电路结构,将压电式传感器、电荷放大器、低通滤波器以及双线示波器连接起来,组成一个测量线路。并将低频振荡器的输出端与频率表的输入端相连。

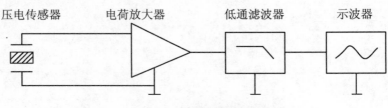

图 7.1　压电式传感器实验接线图

（2）将低频振荡信号接入振动台的激振线圈。

（3）调整好示波器,将低频振荡器的幅度旋钮固定至最大,调节频率。调节时用频率表监测频率,用示波器读出峰—峰值填入表 7.1。

表 7.1

f(Hz)	5	7	12	15	17	20	25	
$V_{\text{p-p}}$(V)								

（4）从示波器的另一通道观察磁电式传感器的输出波形,并对比压电波形,观察其波形相位差。

五、思考题

（1）根据实验结果,可以知道振动台的自振频率大致为多少?

（2）试回答压电式传感器的特点,比较磁电式传感器输出波形的相位差 $\Delta\varphi$ 大致为多少?为什么?

项目二　压电传感器的引线电容对电压放大器的影响及电荷放大器

一、实验目的

验证引线电容对电压放大器的影响,了解电荷放大器的原理和使用。

二、实验仪器

低频振荡器、电压放大器、电荷放大器、低通滤波器、相敏检波器、F/V 表、单芯屏蔽线、差动放大器、直流稳压源、双线示波器。

三、有关旋钮的初始位置

按下低频振荡器的振动控制开关,低频荡器的幅度旋钮置于最小,F/V 表置 20 V挡,差动放大器增益旋钮调至最小,直流稳压电源输出置于 4 V 挡。

四、实验步骤

(1) 按图 7.2 所示接线,注意低频振荡器的频率应打在 5～30 Hz,相敏检波器参考电压应从直流输入插口输入,差动放大器的增益旋钮旋到适中,直流稳压电源打到 ±4 V 挡。

(2) 示波器的两个通道分别接到差动放大器和相敏检波器的输出端。

(3) 开启电源,观察示波器上显示的波形,适当调节低频振荡器的幅度旋钮,使差动放大器的输出波形较大且没有明显的失真。

(4) 观察相敏检波器输出波形,解释所看到的现象。调整电位器,使差动放大器的直流成分减少到零,这可以通过观察相敏检波器的输出波形来实现。为什么?

(5) 适当增大差动放大器的增益,使电压表的指示值为某一整数值(如 1.5 V)。

(6) 将电压放大器换成电荷放大器,重复(5)、(6)两步骤。

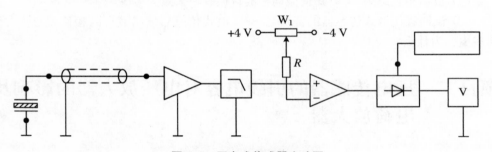

图 7.2 压电式传感器实验图

五、注意事项

(1) 低频振荡器的幅度要适当,以免引起波形失真。

(2) 梁振动时不应发生碰撞,否则将引起波形畸变,不再是正弦波。

(3) 由于梁的相频特性影响,压电式传感器的输出与激励信号一般不为 180°,故表头有较大跳动。此时,可以适当改变激励信号频率,使相敏检波输出的两个半波尽可能平衡,以减少电压表跳动。

六、思考题

(1) 相敏检波器输入含有一些直流成分与不含直流成分对电压表读数是否有影响? 为什么?

(2) 根据实验数据,计算灵敏度的相对变化值,比较电压放大器和电荷放大器受引线电容影响的程度,并解释原因。

（3）根据所得数据,结合压电传感器原理和电压放大器、电荷放大器原理,试回答引线分布电容对电压放大器和电荷放大器性能有什么影响。

项目三　压电传感器的应用:测量振动

一、实验目的

了解压电传感器测量振动的原理和方法。

二、实验仪器

振动源、信号源、直流稳压电源、压电传感器模块、移相检波低通模块。

三、相关原理

压电传感器由惯性质量块和压电陶瓷片等组成(观察实验用压电式加速度计结构),工作时传感器感受与试件相同频率的振动,质量块便有正比于加速度的交变力作用在压电陶瓷片上。由于压电效应,压电陶瓷产生正比于运动加速度的表面电荷。

四、实验内容与操作步骤

（1）将压电传感器安装在振动梁的圆盘上。

（2）将振荡器的"低频输出"接到三源板的"低频输入",并按图 7.3 所示接线,合上主控台电源开关,调节低频调幅到最大、低频调频到适当位置,使振动梁的振幅逐渐增大。

（3）将压电传感器的输出端接到压电传感器模块的输入端 U_{i1},U_{o1} 接 U_{i2},U_{o2} 接移相检波低通模块的低通滤波器输入 U_i,输出 U_o 接示波器。观察压电传感器的输出波形 U_o。

五、实验报告

改变低频输出信号的频率,将振动源不同振动幅度下的压电传感器输出波形的频率和幅值记入表 7.2,并由此得出振动系统的共振频率。

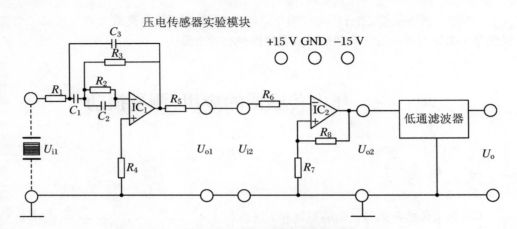

图 7.3　压电式传感器震动测量接线图

表 7.2

振动频率 f(Hz)	5	6	7	8	9	10	11	12	13	14	15	18	20	22	24
$V_{p\text{-}p}$(V)															

实验八　光纤位移传感器实验

项目一　光纤位移传感器静态实验

一、实验目的

了解光纤位移传感器的原理、结构和性能。

二、所需单元及部件

主/副电源、差动放大器、F/V 表、光纤传感器、振动台。

三、实验步骤

(1) 观察光纤位移传感器结构。它由两束光纤混合后,组成 Y 形光纤,探头固定在 Z 形安装架上,外表为螺丝的端面,为半圆分布。

(2) 了解振动台在实验仪上的位置(实验仪台面上右边的圆盘,在振动台上贴有反射纸作为光的反射面。)

(3) 按图 8.1 所示接线:因光/电转换器内部已安装好,所以可将电信号直接经差动放大器放大。F/V 显示表的切换开关置 2 V 挡,开启主/副电源。

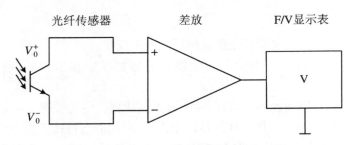

图 8.1　光纤位移传感器实验原理图

(4) 旋转测微头,使光纤探头与振动台面接触,调节差动放大器增益最大,调节差动放大器零位旋钮使电压表读数尽量为零,旋转测微头使贴有反射纸的被测体慢慢离开探头,观察电压读数的小—大—小的变化。

(5) 旋转测微头使 F/V 电压表指示重新回零;旋转测微头,每隔 0.05 mm 读出电压表的读数,并将其填入表 8.1。

表 8.1

X(mm)	0.05	0.10	0.15	0.20	…	10.00
V(mV)					…	

(6) 关闭主/副电源,把所有旋钮复原到初始位置。

(7) 作出 V-ΔX 曲线,计算灵敏度 $S\left(=\dfrac{\Delta V}{\Delta X}\right)$ 及线性范围。

项目二　光纤位移传感器的动态测量一

一、实验目的

了解光纤位移传感器的动态应用。

二、所需单元及部件

主/副电源、差动放大器、光纤位移传感器、低通滤波器、振动台、低频振荡器、激振线圈、示波器。

三、实验步骤

(1) 了解激振线圈在实验仪上所在位置及激振线圈的符号。

(2) 在本实验项目一所用的电路中接入低通滤波器和示波器,按图 8.2 所示接线。

(3) 将测微头与振动台面脱离,测微头远离振动台。将光纤探头与振动台反射纸的距离调整在光纤传感器工作点即线性段中点上(利用静态特性实验中得到的特性曲线,选择线性段中点的距离为工作点,目测振动台上的反射纸与光纤探头端面之间的相对距离,即线性区 ΔX 的中点)。

（4）将低频振荡信号接入振动台的激振线圈上，开启主/副电源，调节低频振荡器的频率与幅度旋钮，使振动台振动且振动幅度适中。

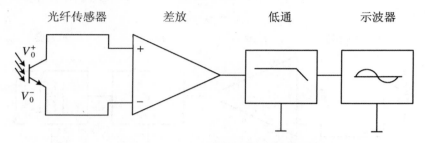

图 8.2　光纤位移传感器的动态测量原理图

（5）保持低频振荡器输出的 $V_{p\text{-}p}$ 幅值不变，改变低频振荡器的频率（用示波器观察低频振荡器输出的 $V_{p\text{-}p}$ 值为一定值，在改变频率的同时如幅值发生变化则调整幅度旋钮使 $V_{p\text{-}p}$ 相同），将频率和示波器上所测的峰—峰值（此时的峰—峰值 $V_{p\text{-}p}$ 是指经低通后的 $V_{p\text{-}p}$）填入表 8.2，并作出幅频特性图。

表 8.2

幅度 $V_{p\text{-}p}$(Hz)				...
频率 f(Hz)				...

（6）关闭主/副电源，把所有旋钮复原到原始最小位置。

项目三　光纤位移传感器的动态测量二

一、实验目的

了解光纤位移传感器的测速应用。

二、所需单元及部件

电机控制单元、差动放大器、小电机、F/V 表、光纤位移传感器、直流稳压电源、主/副电源、示波器。

三、实验步骤

（1）了解电机控制单元、小电机（小电机端面上贴有两张反射纸）在实验仪上所在的位置(小电机在振动台的左边)。

(2) 按图 8.3 所示接线,将差动放大器的增益置最大,F/V 表的切换开关置 2 V 挡,开启主/副电源。

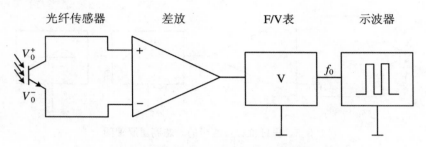

图 8.3 光纤位移传感器的测速原理图

(3) 将光纤探头移至电机上方对准电机上的反光纸,调节光纤传感器的高度,使 F/V 表显示最大。再用手稍微转动电机,让反光面避开光纤探头。调节差动放大器的调零,使 F/V 表显示接近零。

(4) 将直流稳压电源置 ± 10 V 挡,在电机控制单元的 V + 处接入 + 10 V 电压,调节转速旋钮使电机运转。

(5) F/V 表置 2 kHz 挡显示频率,用示波器观察 f 输出端的转速脉冲信号(V_{p-p} = 4 V)。

(6) 根据脉冲信号的频率及电机上反光片的数目换算出此时的电机转速。

(7) 实验完毕,关闭主/副电源,拆除接线,把所有旋钮复原。

注:如示波器上观察不到脉冲波形而本实验的项目二中又正常,则请调整探头与电机间的距离,同时检查一下示波器的输入衰减开关位置是否合适(建议使用不带衰减的探头)。

项目四 光纤传感器的应用:测量振动

一、实验目的

了解光纤传感器的动态位移性能。

二、实验仪器

光纤位移传感器、光纤位移传感器实验模块、振动源、低频振荡器、通信接口(含上位机软件）。

三、相关原理

　　利用光纤位移传感器的位移特性和其较高的频率响应，用合适的测量电路即可测量振动。

四、实验内容与操作步骤

　　（1）光纤位移传感器安装如图8.4所示，光纤探头对准振动平台的反射面，并避开振动平台中间孔。

　　（2）根据本实验项目一的结果，找出线性段的中点，通过调节安装支架高度将光纤探头与振动台台面的距离调整在线性段中点（大致目测）。

　　（3）将光纤传感器的另一端的两根光纤插到光纤位移传感器实验模块上（图8.4），接好模块±15 V电源，模块输出接到通信接口CH_1通道。振荡器的"低频输出"接到三源板的"低频输入"端，并把低频调幅旋钮打到最大位置，将低频调频旋钮打到最小位置。

　　（4）合上主控台电源开关，逐步调高低频输出的频率，使振动平台发生振动，注意不要调到共振频率，以免振动梁发生共振碰坏光纤探头，通过通信接口CH_1用上位机软件观察输出波形，并记下幅值和频率。

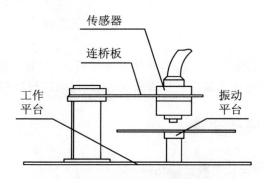

图8.4　光纤位移传感器测量振动接线图

实验九　电涡流传感器实验

项目一　电涡流传感器的位移特性测试

一、实验目的

了解电涡流传感器测量位移的工作原理和特性。

二、实验仪器

电涡流传感器、铁圆盘、电涡流传感器模块、测微头、直流稳压电源、数显直流电压表、测微头。

三、相关原理

通过高频电流的线圈产生磁场,当有导电体接近时,因导电体涡流效应产生涡流损耗,而涡流损耗与导电体与线圈的距离有关,因此可以进行位移测量。

四、实验内容与操作步骤

(1) 按图 9.1 所示安装电涡流传感器。

(2) 在测微头端部装上铁质金属圆盘,作为电涡流传感器的被测体。调节测微头,使铁质金属圆盘的平面贴到电涡流传感器的探测端,固定测微头。

(3) 传感器按图 9.2 所示接线,将电涡流传感器连接线接到模块上标有"〜"处的两端,实验范本输出端 U_o 与数显单元输入端 U_i 相接。数显表量程切换开关选择电压 20 V 挡,模块电源是用连接导线从主控台接入的 +15 V 电源。

(4) 合上主控台电源开关,记下数显表读数,然后每隔 0.2 mm 读一个数,直到输出几乎不变为止。将结果填入表 9.1。

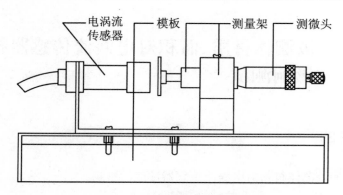

图9.1　电涡流传感器安装图

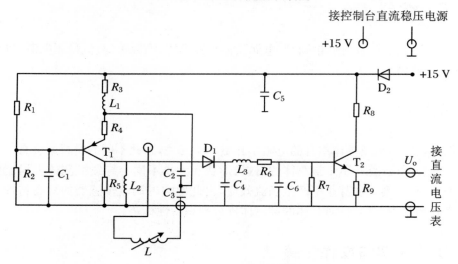

图9.2　电涡流传感器实验原理图

表 9.1

X(mm)						
U_o(V)						

五、实验报告

根据表9.1的数据,画出 U_o-X 曲线,根据曲线找出线性区域及进行正、负位移测量时的最佳工作点,并计算量程为 1 mm,3 mm 及 5 mm 时的灵敏度和线性度(可以用端点法或其他方法拟合直线)。

项目二 被测体材质、面积对电涡流传感器特性的影响测试

一、实验目的

了解不同的被测体材料对电涡流传感器性能的影响。

二、实验仪器

电涡流传感器、铁/铜/铝圆盘、电涡流传感器模块、测微头、直流稳压电源、数显直流电压表、测微头。

三、相关原理

涡流效应与金属导体本身的电阻率和磁导率有关,因此不同的材料就会有不同的性能。在实际应用中,由于被测体的材料、形状和大小不同会导致被测体上涡流效应产生的不充分,会减弱甚至不产生涡流效应,由此影响电涡流传感器的静态特性。所以在实际测量中,必须针对具体的被测体进行静态特性标定。

四、实验内容与操作步骤

(1) 安装图及接线图与本实验项目一相同。

(2) 重复本实验项目一的步骤,将铁质圆盘分别换成铜质圆盘和铝质圆盘。将测量数据分别填入表9.2和表9.3。

表9.2 铜质被测体

X(mm)						
$U_\circ$(V)						

表9.3 铝质被测体

X(mm)						
$U_\circ$(V)						

(3) 重复本实验项目一的步骤,将被测体换成比上述金属圆盘面积更小的被测

体,将测量数据填入表9.4。

表9.4　小直径的铝质被测体

X(mm)						
U_o(V)						

五、实验报告

根据表9.2、表9.3和表9.4所记数据,分别计算量程为1 mm和3 mm时电涡流传感器的灵敏度和非线性误差(线性度)。

项目三　电涡流传感器的应用:测量振动

一、实验目的

了解电涡流传感器测量振动的原理与方法。

二、实验仪器

电涡流传感器、振动源、低频振荡器、直流稳压电源、电涡流传感器模块、通信接口(含上位机软件)、铁质圆盘。

三、相关原理

根据电涡流传感器动态特性和位移特性,选择合适的工作点即可测量振幅。

四、实验内容与操作步骤

(1) 将铁质被测体平放到振动台面的中心位置,根据图9.3所示安装电涡流传感器,注意传感器端面与被测体振动台面(铁材料)之间的距离即为线形区域。

(2) 将电涡流传感器的连接线接到模块上标有"～"的两端,模块电源是用连接导线从主控台接入的 +15 V 电源。实验模板输出端与通信接口的 CH_1 相连。将振荡器的"低频输出"接到三源板的"低频输入"端,"低频调频"调到最小位置,"低频调

"幅"调到最大位置,合上主控台电源开关。

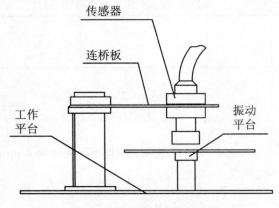

图 9.3　涡流传感器安装图

(3) 调节"低频调频"旋钮,使振动台有微小振动(不要达到共振状态),从上位机观察电涡流实验模块的输出波形(注意不要达到共振,共振时幅度过大,振动面可能会与传感器接触,损坏传感器)。

五、思考题

有一个振动频率为 10 kHz 的被测体需要测其振动参数,你是选用压电传感器还是电涡流传感器? 还是认为两者均可?

项目四　电涡流传感器的应用:电子秤

一、实验目的

了解电涡流传感器在静态测量中的应用。

二、所需单元及部件

涡流传感器、涡流变换器、F/V 表、砝码、差动放大器、电桥、铁测盘、主/副电源。

三、有关旋钮初始位置

电压表置 20 V 挡,差动放大器增益旋至最小。

四、实验步骤

(1) 按图 9.2 所示的电路接线。

(2) 调整传感器的位置,使其处于线性范围的终点附近处(与被测体之间的距离为线性段终端附近,目测)。

(3) 开启主/副电源,调整电桥单元上的电位器,使电压表为零。

(4) 在平台上放上砝码,读出表头指示值,填入表 9.5。

表 9.5

$W(g)$				...
$V(V)$				...

(5) 在平台上放一重物,记下电压表读数,根据实验数据作出 V-W 曲线,计算灵敏度及重物的质量。

说明:差动放大器的增益应适当,可视指示而定。

五、注意事项

(1) 砝码重物不得使位移超出线性范围。

(2) 做此实验应与之前的电子秤实验相比较。

实验十　测量温度实验

项目一　集成温度传感器的温度特性测试

一、实验目的

了解常用的集成温度传感器(AD590)基本原理、性能与应用。

二、实验仪器

智能调节仪、Pt100、AD590、温度源、温度传感器实验模块。

三、相关原理

集成温度传感器 AD590 是把温敏器件、偏置电路、放大电路及线性化电路集成在同一芯片上的温度传感器。其特点是使用方便、外围电路简单、性能稳定可靠;不足之处是测温范围较小、使用环境有一定的限制。AD590 能直接给出正比于绝对温度的理想线性输出,在一定温度下,相当于一个恒流源,一般用于 $-50 \sim +150\ ℃$ 之间的温度测量。温敏晶体管的集电极电流恒定时,晶体管的基极—发射极电压与温度呈线性关系。为克服温敏晶体管 U_b 电压生产时的离散性,均采用了特殊的差分电路。本实验仪采用电流输出型集成温度传感器 AD590,其在一定温度下,相当于一个恒流源,因此不易受接触电阻、引线电阻、电压噪声的干扰,具有很好的线性特性。AD590的灵敏度(标定系数)为 $1\ \mu A/K$,只需要一种 $+4 \sim +30\ V$ 电源(本实验仪用 $+5\ V$),即可实现温度到电流的线性变换,然后在终端使用一只取样电阻(本实验中为传感器调理电路单元中 $R_2 = 100\ \Omega$)即可实现电流到电压的转换,使用十分方便。电流输出型传感器比电压输出型传感器的测量精度更高。

四、实验内容与操作步骤

(1) 将温度控制在 50 ℃,在另一个温度传感器插孔中插入集成温度传感器 AD590。

(2) 将 ±15 V 直流稳压电源接至温度传感器实验模块。温度传感器实验模块的输出 U_{o2} 接主控台直流电压表。

(3) 将温度传感器模块上差动放大器的输入端 U_i 短接,调节电位器 R_{W_4} 使直流电压表显示为零。

(4) 拿掉短路线,按图 10.1 所示接线,并将 AD590 两端引线按插头颜色(一端红色、一端绿色)插入温度传感器实验模块中(红色对应 a、绿色对应 b)。

(5) 将 R_6 两端接到差动放大器的输入 U_i,记下模块输出 U_{o2} 的电压值。

(6) 改变温度源的温度,每隔 5 ℃记下 U_{o2} 的输出值,直到温度升至 120 ℃。并将实验结果填入表 10.1。

表 10.1

$T(℃)$															
$U_{o2}(V)$															

五、实验报告

由表 10.1 记录的数据计算在此范围内集成温度传感器的非线性误差。

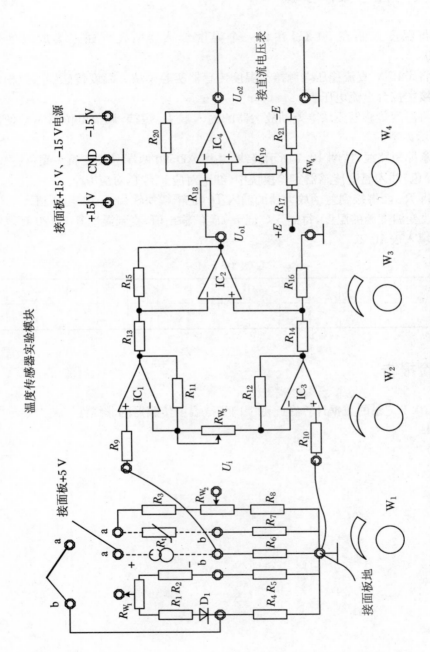

图10.1 集成温度传感器特性测试原理图

项目二　铂电阻温度特性测试

一、实验目的

了解铂热电阻的特性与应用。

二、实验仪器

智能调节仪、Pt100(2 只)、温度源、温度传感器实验模块。

三、相关原理

这一测试利用了导体电阻随温度变化的特性。当热电阻用于测量时,要求其材料电阻温度系数大、稳定性好、电阻率高。电阻与温度之间最好有线性关系,当温度变化时,感温元件的电阻值随温度变化而变化,这样就可将变化的电阻值通过测量电路转换为电信号,便可得到被测温度。

四、实验内容与操作步骤

(1) 将温度控制在 50 ℃,在另一个温度传感器插孔中插入另一只铂热电阻温度传感器 Pt100。

(2) 将 ±15V 直流稳压电源接至温度传感器实验模块。温度传感器实验模块的输出 U_{o2} 接主控台直流电压表。

(3) 将温度传感器模块上差动放大器的输入端 U_i 短接,调节电位器 R_{W_4} 使直流电压表显示为零。

(4) 按图 10.2 所示接线,并将 Pt100 的三根引线插入温度传感器实验模块中 R_t 两端(其中颜色相同的两个接线端是短路的)。

(5) 拿掉短路线,将 R_6 两端接到差动放大器的输入 U_i,记下模块输出 U_{o2} 的电压值。

(6) 改变温度源的温度,每隔 5 ℃记下 U_{o2} 的输出值,直到温度升至 120 ℃,并将实验结果填入表 10.2。

表 10.2

$T(℃)$										
$U_{o2}(V)$										

五、实验报告

根据表 10.2 中的实验数据,作出 U_{o2}-T 曲线,分析 Pt100 的温度特性曲线,计算其非线性误差。

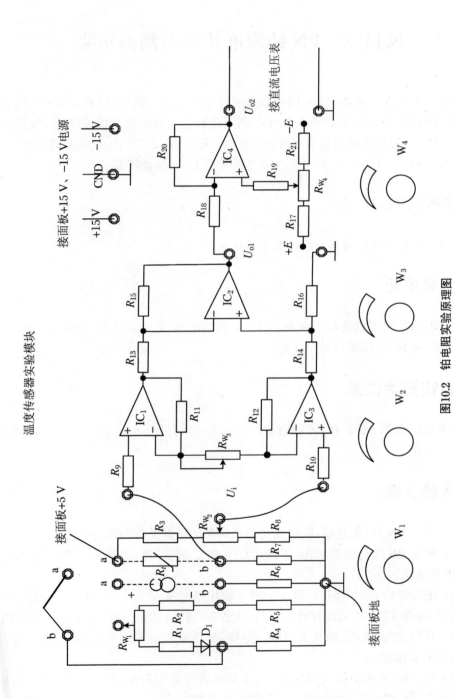

图10.2　铂电阻实验原理图

79

项目三　PN结温度传感器测温实验

晶体二极管或三极管的 PN 结电压是随温度变化的。例如,硅管的 PN 结的结电压在温度每升高 1℃时,下降约 2.1 mV,利用这种特性可做成各种各样的 PN 结温度传感器。PN 结温度传感器具有线性好、时间常数小(0.2～2 s)、灵敏度高等优点,测温范围为 −50～＋150 ℃。其不足之处是离散性大、互换性较差。

一、实验目的

了解 PN 结温度传感器的特性及工作情况。

二、所需单元

主/副电源、可调直流稳压电源、−15 V 稳压电源、差动放大器、电压放大器、F/V 表、加热器、电桥、水银温度计（自备）。

三、旋钮初始位置

直流稳压电源 ±6 V 挡,差放增益调至最小,逆时针到底(1 倍),电压放大器幅度置最大 4.5 倍。

四、实验步骤

(1) 了解 PN 结、加热器、电桥在实验仪所在的位置及它们的符号。

(2) 观察 PN 结传感器结构、用数字万用表"二极管"挡,测量 PN 结正反向的结电压,得出其结果。

(3) 用所配的专用电阻线(51 kΩ)把直流稳压电源 V＋插口与 PN 结传感器的正端相连,并按图 10.3 所示接好放大电路,注意各旋钮的初始位置,电压表置 2 V 挡。

(4) 开启主/副电源,调节 R_D(W₁)电位器,使电压表指示为零,同时记下此时水银温度计的室温值(Δt)。

(5) 将 −15 V 电源接入加热器(−15 V 电源在低频振荡器右下角),观察电压表读数的变化,因 PN 结温度传感器的温度变化灵敏度约为 :−2.1 mV/℃。随着温度的升高,其 PN 结电压将下降 ΔV,该 ΔV 电压经差动放大器隔离传递(增益为 1),至电压放大器放大 4.5 倍,此时的系统灵敏度 $S \approx 10$ mV/℃。待电压表读数稳定后,即可利用这一结果,将电压值转换成温度值,从而演示出加热器在 PN 结温度传感器处产生的温度值(ΔT),此时该点的温度为 $\Delta T + \Delta t$。

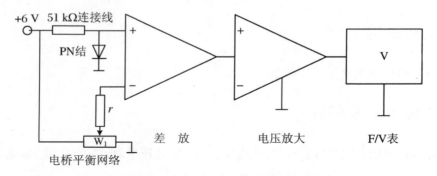

图 10.3　PN 结温度传感器测温实验原理图

五、注意事项

(1) 该实验仅为一个演示性实验。

(2) 加热器不要长时间地接入电源,此实验完成后应立即将 -15 V 电源拆去,以免影响梁上的应变片性能。

六、思考题

(1) 分析一下该测温电路的误差来源。

(2) 如要将其作为一个 0～100 ℃ 的较理想的测温电路,你认为还必须具备哪些条件?

项目四　热敏电阻演示实验

热敏电阻的温度系数有正有负,因此分成两类:PTC 热敏电阻(正温度系数)与 NTC 热敏电阻(负温度系数)。一般 NTC 热敏电阻测量范围较宽,主要用于温度测量;而 PTC 突变型热敏电阻的温度范围较窄,一般用于恒温加热控制或温度开关,也用于彩电中的消磁元件。有些功率 PTC 也作为发热元使用,而 PTC 缓变型热敏电阻可用于温度补偿或温度测量。

一般的 NTC 热敏电阻测温范围为 -50～$+300$ ℃。热敏电阻具有体积小、质量轻、热惯性小、工作寿命长、价格便宜的优点,并且本身阻值大,不需考虑引线长度带来的误差,适用于远距离传输。但热敏电阻也有非线性大、稳定性差、有老化现象、误差较大、一致性差等缺点。一般只适用于低精度的温度测量。

一、实验目的

了解 NTC 热敏电阻工作现象。

二、所需单元及部件

加热器、热敏电阻、可调直流稳压电源、−15 V 稳压电源、F/V 表、主/副电源。

三、实验步骤

(1) 了解热敏电阻在实验仪的所在位置及符号,它是一个蓝色或棕色元件,封装在双平行振动梁上片梁的表面。

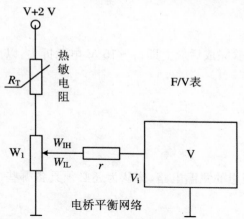

图 10.4　热敏电阻实验原理图

(2) 将 F/V 表切换开关置 2 V 挡,直流稳压电源切换开关置 ±2 V 挡,按图 10.4 所示接线,开启主/副电源,调整 $W_1(R_D)$ 电位器,使 F/V 表指示为 100 mV 左右。这时为室温时的 V_i。

(3) 将 −15 V 电源接入加热器,观察电压表的读数变化,电压表的输入电压:

$$V_i = \frac{W_{IL}}{R_T + (W_{IH} + W_{IL})} \cdot V_S$$

(4) 由此可见,当温度＿＿＿＿＿＿＿＿时,R_T 阻值＿＿＿＿＿＿＿,V_i＿＿＿＿＿＿。

四、思考题

如果你手上有这样一个热敏电阻,想把它作为一个 0～50 ℃ 的温度测量电路,你认为该怎样来实现?

项目五　Pt100 温度控制的应用

一、实验目的

了解 PID 智能模糊 + 位式调节温度控制原理。

二、实验仪器

智能调节仪、Pt100、温度源。

三、相关原理

(一) 位式调节

位式调节(ON/OFF)是一种简单的调节方式,常用于一些对控制精度要求不高的场合或用于报警。当位式调节仪表用于温度控制时,通常利用仪表内部的继电器控制外部的中间继电器再控制一个交流接触器来控制电热丝的通断以达到控制温度的目的。

(二) PID 智能模糊调节

PID 智能温度调节器采用人工智能调节方式,这种调节方式是采用模糊规则进行 PID 调节的一种先进的新型人工智能算法,能实现高精度控制,先进的自整定(AT)功能使其无须设置控制参数。在误差大时,运用模糊算法进行调节,以消除 PID 饱和积分现象;当误差趋小时,采用 PID 算法进行调节,并能在调节中自动学习和记忆被控对象的部分特征以使效果最优化,具有无超调、高精度、参数确定简单等优点。

(三) 温度控制基本原理

由于温度变化具有滞后性,加热源为一滞后时间较长的系统。本实验仪采用 PID 智能模糊 + 位式双重调节控制温度。用报警方式控制风扇开启与关闭,使加热源在尽可能短的时间内稳定在某一温度值上,并能在实验结束后通过参数设置将加热源快速冷却下来,可节约实验时间。

当温度源的温度发生变化时,温度源中的热电阻 Pt100 的阻值发生变化,将电阻变化量作为温度的反馈信号输给 PID 智能温度调节器。信号经调节器的电阻—电压转换后与温度设定值比较,再进行数字 PID 运算输出给可控硅触发信号(加热)和继电器触发信号(冷却),使温度源的温度趋近温度设定值。PID 智能温度控制原理框图如图 10.5 所示。

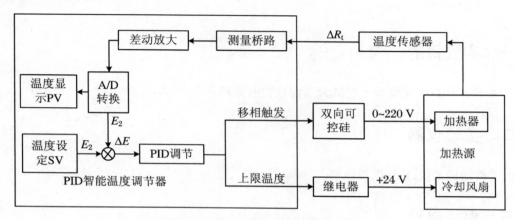

图 10.5　PID 智能温度控制原理框图

四、实验内容与操作步骤

(1) 在控制台上的"智能调节仪"单元中"控制对象"选择"温度",并按图 10.5 所示接线。

(2) 将 2~24 V 输出调节调到最大位置,打开调节仪电源。

(3) 按住⑤ET 3 s 以下,进入智能调节仪 A 菜单,仪表靠上的窗口显示"SU",靠下窗口显示待设置的设定值。当"LOCK"等于"0"或"1"时能设置温度的设定值,按"◀"可改变小数点位置,按▲或▼键可修改靠下窗口的设定值。否则提示"LCK",表示已加锁。再按⑤ET 3 s 以下,回到初始状态。

(4) 按住⑤ET 3 s 以上,进入智能调节仪 B 菜单,靠上窗口显示"dAH",靠下窗口显示待设置的上限偏差报警值。按◀可改变小数点位置,按▲或▼键可修改靠下窗口的上限报警值。上限报警时仪表右上"AL1"指示灯亮(参考值 0.5)。

(5) 继续按⑤ET 键 3 s 以下,靠上窗口显示"dP",靠下窗口显示待设置的自整定开关,按▲或▼设置,"0"自整定"关","1"自整定"开",开时仪表右上"AT"指示灯亮。

(6) 继续按⑤ET 键 3 s 以下,靠上窗口显示"dP",靠下窗口显示待设置的仪表小数点位数,按◀可改变小数点位置,按▲或▼键可修改靠下窗口的比例参数值(参考值 1)。

(7) 继续按⑤ET 键 3 s 以下,靠上窗口显示"P",靠下窗口显示待设置的比例参数值,按◀可改变小数点位置,按▲或▼键可修改靠下窗口的比例参数值。

(8) 继续按⑤ET 键 3 s 以下,靠上窗口显示"I",靠下窗口显示待设置的积分参数值,按◀可改变小数点位置,按▲或▼键可修改靠下窗口的积分参数值。

（9）继续按SET键 3 s 以下,靠上窗口显示"d",靠下窗口显示待设置的微分参数值,按◀可改变小数点位置,按▲或▼键可修改靠下窗口的微分参数值。

（10）继续按SET键 3 s 以下,靠上窗口显示"T",靠下窗口显示待设置的输出周期参数值,按◀可改变小数点位置,按▲或▼键可修改靠下窗口的输出周期参数值。

（11）继续按SET键 3 s 以下,靠上窗口显示"SC",靠下窗口显示待设置的测量显示误差休正参数值,按◀可改变小数点位置,按▲或▼键可修改靠下窗口的测量显示误差修正参数值(参考值 0)。

（12）继续按SET键 3 s 以下,靠上窗口显示"UP",靠下窗口显示待设置的功率限制参数值,按◀可改变小数点位置,按▲或▼键可修改靠下窗口的功率限制参数值(参考值 100%)。

（13）继续按SET键 3 s 以下,靠上窗口显示"LCK",靠下窗口显示待设置的锁定开关,按▲或▼键可修改靠下窗口的锁定开关状态值,"0"允许 A,B 菜单,"1"只允许 A菜单,"2"禁止所有菜单。继续按SET键 3 s 以下,回到初始状态。

（14）设置不同的温度设定值,并根据控制理论来修改不同的"P""I""D""T"参数,观察温度控制的效果。

五、实验报告

简述 PID 智能温度控制原理并画出其原理框图。

实验十一　气敏和湿敏传感器实验

项目一　气敏传感器(MQ3)实验

一、实验目的

了解气敏传感器的原理与应用。

二、所需单元

直流稳压电源、差动放大器、电桥、F/V 表、MQ3 气敏传感器、主/副电源。

三、有关旋钮的初始位置

直流稳压电源置 ±4 V 挡,F/V 表置 2 V 挡,差动放大器增益置最小,电桥单元中的 R_{w_1} 逆时针旋到底,主/副电源关闭。

四、实验步骤

(1) 仔细阅读"使用说明",差动放大器的输入端(+)、(−)与地短接,开启主/副电源,将差动放大器输出调零。

(2) 关闭主/副电源,按图 11.1 所示接线。

(3) 开启主/副电源,预热约 5 min 后,用浸有酒精的棉球靠近传感器,并轻轻吹气使酒精挥发并进入传感器金属网内,同时观察电压表的数值变化,此时的电压读数 _____ 。它反映了传感器 AB 两端间的电阻随着 _____ 发生了变化,说明 MQ3 检测到了酒精蒸气的存在。如果电压表变化不够明显,可适当调大"差动放大器"增益。

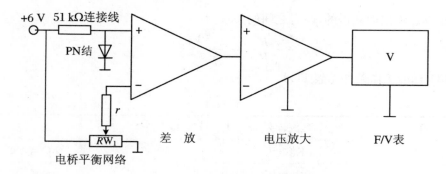

图 11.1　气敏传感器实验原理图

五、思考题

如果要制做一个酒精蒸气报警器,你认为还要采取哪些手段?

提示:

(1) 需进行浓度标定。

(2) 要考虑在电路上还需增加什么仪器。

六、MQ 系列气敏元件使用说明

(一) 特点

(1) 具有很高的灵敏度和良好的选择性。

(2) 具有较长的使用寿命和可靠的稳定性。

(二) 结构、外形、元件符号

(1) MQ 系列气敏元件由微型 Al_2O_3 陶瓷管、SnO_2 敏感层、测量电极和加热器构成的敏感元件固定在塑料或不锈钢网的腔体内制成,加热器为气敏元件的工作提供了必要的工作条件。

(2) 完好的气敏元件有 6 只针状管脚,其中 4 个用于获取信号,2 个用于提供加热电流。

(三) 性能

(1) MQ 气敏元件的标准测试回路由两部分组成:其一为加热回路;其二为信号输出回路,它可以准确反映传感器表面电阻的变化。

(2) 传感器的表面电阻 R_S 的变化,是通过与其串联的负载电阻 R_L 上的有效电

压信号 V_{R_L} 输出而获得的,两者之间的关系为

$$\frac{R_S}{R_L} = \frac{V_C - V_{R_L}}{V_{R_L}}$$

（3）标准工作条件见表 11.1。

表 11.1

符　号	参数名称	技术条件	备　注
V_C	回路电压	10 V	AC 或 DC
V_h	加热电压	5 V	AC 或 DC
R_L	负载电阻	可调	0.5～200 K
R_h	加热器电阻	$(33 \pm 5\%)\ \Omega$	室温
P_h	加热功耗	＜800 mW	

（4）环境条件见表 11.2。

表 11.2

符　号	参数名称	技术条件	备注
T_{ao}	使用温度	$-20～50\ ℃$	
T_{as}	储存温度	$-20～70\ ℃$	推荐使用范围
R_H	相对湿度	小于 $95\% R_H$	
O_2	氧气浓度	21%(标准条件)氧气浓度会影响灵敏度	最小值大于 2%

（5）灵敏度特性见表 11.3。

表 11.3

符　号	参数名称	技术条件	探测浓度范围($\times 10^{-6}$)		适用气体
R_S	敏感体电阻	10～1 000 kΩ（洁净空气中）	MQ2	300～1 000 $I - C_4 H_{10}$	丁烷、丙烷、烟雾、氯气液化石油气
A	浓度斜率	≤0.65	MQ3	50～2 000 $C_2 H_5 OH$	酒精
标准测试条件	温度:$(20 \pm 2)℃$；V_C:$(10 \pm 0.1)V$；湿度:$(65 \pm 5)\%$；V_h:$(5 \pm 0.1)V$		MQ4	1 000～20 000 CH_4	甲烷、天然气
			MQ5	800～5 000 H_2	氢气、煤气

符　号	参数名称	技术条件	探测浓度范围($\times 10^{-6}$)		适用气体
预热时间		大于 24 小时	MQ6	300～1 000 LPG	液化石油气
			MQ7	30～1 000 CO	一氧化碳,氢气

项目二　湿敏电阻(R_H)实验

一、实验目的

了解湿敏传感器的原理与应用。

二、所需单元及元件

电压放大器、F/V 表、电桥、R_H 湿敏电阻、直流稳压电源、主/副电源。

三、有关旋钮的初始位置

直流稳压电源置 ±2 V 挡,F/V 表置 2 V 挡。

四、实验步骤

(1) 观察湿敏电阻结构,可知它是在一块特殊的绝缘基底上溅射了一层高分子薄膜而制成的,按图 11.2 所示接线。

(2) 取两种不同湿度的海绵或其他易吸潮的材料,分别轻轻地与传感器接触,观察电压表数字变化,此时电压表的指示＿＿＿＿＿＿,也就是 R_H 阻值变＿＿＿＿＿＿,说明 R_H 检测到了湿度的变化,而且随着湿度的不同阻值也发生变化。注意取用的湿材料不要太湿,有点潮就行了,否则会产生湿度饱和现象,延长脱湿时间。

(3) R_H 的通电稳定时间、脱湿时间与环境的湿度、温度有关。这点请实验者注意。

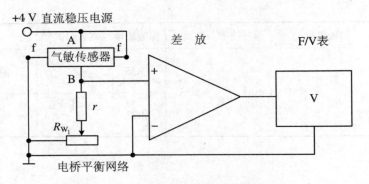

图 11.2　湿敏传感器实验原理图

五、思考题

你能用湿敏电阻做成一个湿度测量仪吗？请画出电路图并加以说明。

项目三　气敏传感器测试酒精浓度

一、实验目的

了解气敏传感器的原理及应用。

二、实验仪器

气敏传感器、酒精、棉球（自备）、差动变压器实验模块。

三、相关原理

本项目所采用的 SnO_2（氧化锡）半导体气敏传感器属电阻型气敏元件，它是利用气体在半导体表面的氧化和还原反应会导致敏感元件阻值变化来工作的；若气体浓度发生改变，则阻值发生变化。根据这一特性，可以从阻值的变化得知吸附气体的种类和浓度。

四、实验内容与操作步骤

（1）将气敏传感器夹持在差动变压器实验模板的传感器固定支架上。

（2）按图 11.3 所示接线，将气敏传感器，接线端红色接 + 5 V 加热电压，黑色接地；电压输出选择 ± 10 V，黄色线接 + 10 V 电压，蓝色线接 R_{w_1} 上端。

（3）将 ± 15 V 直流稳压电源接入差动变压器实验模块中。差动变压器实验模块的输出 U_o 接主控台直流电压表。打开主控台总电源，预热 5 min。

（4）用浸透酒精的小棉球，靠近传感器，并吹 2 次气，使酒精挥发进入传感器金属网内，观察电压表读数变化。

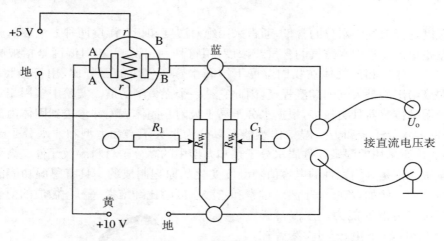

图 11.3　气敏传感器测量酒精浓度实验原理图

五、实验报告

酒精检测报警器常被交警用于检查司机是否酒后驾车，若要设计这样一种传感器还需考虑哪些环节与因素？

项目四　湿敏传感器测量湿度

一、实验目的

了解湿敏传感器的原理及应用范围。

二、实验仪器

湿敏传感器、湿敏座、干燥剂、棉球(自备)。

三、相关原理

湿度是指大气中水分的含量,通常采用绝对湿度和相对湿度两种方法表示。绝对湿度是指单位体积中水蒸气的含量或浓度,用符号 A_H 表示;相对湿度是指被测气体中的水蒸气气压和该气体在相同温度下饱和水蒸气气压的百分比,用符号 %R_H 表示。湿度给出的是大气的潮湿程度,因此它是一个无量纲的值。实验中多用相对湿度概念。湿敏传感器种类较多,根据水分子易于吸附在固体表面并渗透到固体内部的这种特性(称水分子亲和力),湿敏传感器可以分为水分子亲和力型和非水分子亲和力型,本实验所采用的湿敏元件属水分子亲和力型中的高分子材料湿敏元件。高分子电容式湿敏元件是利用元件的电容值随湿度变化的原理制成的。具有感湿功能的高分子聚合物——例如,乙酸—丁酸纤维素和乙酸—丙酸比纤维素等——做成的薄膜具有迅速吸湿和脱湿的能力。感湿薄膜覆在金箔电极(下电极)上,然后在感湿薄膜上再镀一层多孔金属膜(上电极),这样就形成了一个平行板电容器。可以通过测量这个电容器电容的变化来感觉空气湿度的变化。

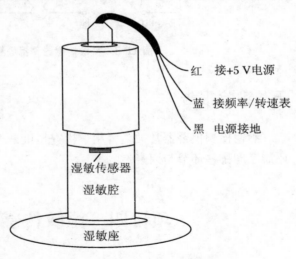

红　接+5 V电源
蓝　接频率/转速表
黑　电源接地
湿敏传感器
湿敏腔
湿敏座

图 11.4　湿敏传感器实验装置图

四、实验内容与操作步骤

(1) 湿敏传感器实验装置如图 11.4 所示,红色接线端接 +5 V 电源,黑色接线端接地,蓝色接线端接频率/转速表输入端,频率/转速表选择频率挡。记下此时频率/转速表的读数。

(2) 将湿棉球放入湿敏腔内,并插上湿敏传感器探头,观察频率/转速表的变化。

(3) 取出湿纱布,待数显表示值下降恢复到原示值时,在湿腔敏内放入一些干燥剂,同样将湿度传感器置于湿敏腔孔上,观察数显表头读数变化。

五、实验报告

输出频率 f 与相对湿度 R_H 值对应如下,参考表 11.4,计算以上三状态下的空气相对湿度。

表 11.4

R_H	0%	10%	20%	30%	40%	50%	60%	70%	80%	90%	100%
f(Hz)	7 351	7 224	7 100	6 976	6 853	6 728	6 600	6 468	6 330	6 186	6 033

实验十二　转速测量实验

项目一　光电转速传感器的应用:转速测量

一、实验目的

掌握用光电转速传感器测量转速的原理和方法。

二、实验仪器

转动源、光电传感器、直流稳压电源、频率/转速表、示波器。

三、相关原理

光电式转速传感器有反射型和透射型两种,本实验装置是透射型的。传感器端部有发光管和光电池,发光管发出的光通过转盘上的孔透射到光电管上,并转换成电信号。由于转盘上有等间距的 6 个透射孔,因此转动时将获得与转速及透射孔数有关的脉冲,将电脉冲计数进行处理即可得到转速值。

四、实验内容与操作步骤

(1) 光电传感器已安装在转动源上,如图 12.1 所示。2~24 V 电压输出接到三源板的"转动电源"输入上,并将 2~24 V 输出调节到最小,+5 V 电源接到三源板"光电"输出的电源端,光电输出接到频率/转速表的"fin"。

(2) 合上主实验台电源开关,从最小每间隔 1 V 逐渐增大 2~24 V 输出,使转动源转速加快,记录频率/转速表的显示数值,同时可用示波器观察光电传感器的输出波形。

(3) 打开实验台电源开关,用不同的电源驱动转动源转动,记录不同驱动电压对应的转速,填入表 12.1,同时可通过示波器观察光电传感器的输出波形。

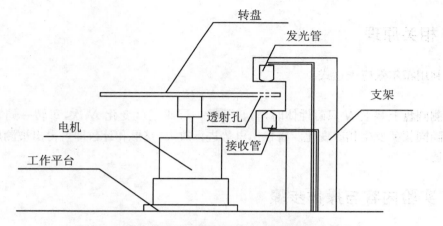

图 12.1　光电转速传感器测量转速实验装置的安装图

表 12.1

驱动电压 $V(\mathrm{V})$	4	6	8	10	12	16	20	24
转速 $n(\mathrm{rpm})$								

五、实验报告

根据测得的驱动电压和转速,作 $V\text{-}n$ 曲线,并与其他传感器测得的曲线比较。

项目二　霍尔传感器的应用:转速测量 *

一、实验目的

了解霍尔组件的应用:测量转速。

二、实验模块及部件

霍尔传感器、±4/＋5/±6/±8/±10 V 直流电源、转动源、频率/转速表。

三、相关原理

利用霍尔效应表达式:

$$U_{\mathrm{H}} = K_{\mathrm{H}} I B$$

当被测圆盘上装上 N 只磁性体时,转盘每转一周磁场就变化 N 次,每转一周霍尔电势就随同频率发生相应变化。将输出电势进行放大、整形和计数即可得出被测旋转物的转速。

四、实验内容与操作步骤

(1) 根据图 12.5 所示,安装霍尔传感器于传感器支架上,且霍尔组件正对着转盘上的磁钢。

(2) 将 +5 V 电源接到三源板上"霍尔"输出的电源端,"霍尔"输出接到频率/转速表(切换到测转速位置)。

(3) 打开实验台电源,选择不同电源 4/6/8/10/12(±6)/16(±8)/20(±10)/24 V 驱动转动源,可以观察到转动源转速的变化,待转速稳定后将相应驱动电压下得到的转速值记录在表 12.1 中。也可用示波器观测霍尔元件输出的脉冲波形。

表 12.1

电压(V)	4	6	8	10	12	16	20	24
转速 n(rpm)								

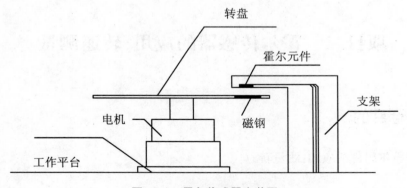

图 12.2 霍尔传感器安装图

(4) 分析霍尔组件产生脉冲的原理。根据记录的驱动电压和转速,作 V-n 曲线。

项目三　智能调节仪的应用:转速控制

一、实验目的

掌握智能调节仪控制转速的方法。

二、实验仪器

实验台、转动源。

三、相关原理

将霍尔传感器检测到的转速频率信号经 F/V 转换成转速的反馈信号。将该反馈信号与智能调节仪的转速设定比较后进行数字 PID 运算,调节电压驱动器改变直流电机电枢电压,使电机的转速逐渐趋近设定转速(设定值为 1 500~2 500 rpm)。转速控制原理如图 12.3 所示。

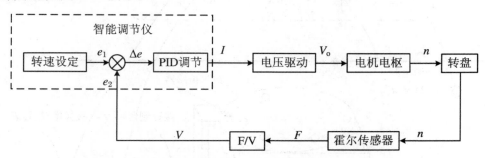

图 12.3　智能仪器转速控制原理图

智能调节仪的接线如图 12.4 所示。

四、实验内容与操作步骤

(1) 选择智能调节仪的控制对象为转速,并按图 12.4 所示接线。开启实验台总电源,打开智能调节仪电源开关,2~24 V 输出调节到最大位置。

(2) 按住 SET 3 s 以下,进入智能调节仪 A 菜单,仪表靠上的窗口显示"SU",靠下窗口显示待设置的设定值。当"LOCK"等于 0 或 1 时设置转速的设定值,按"◀"可改变小数点位置,按▲或▼键可修改靠下窗口的设定值(参考值 1 500~2 500),否则提示"LCK"表示已加锁。再按SET 3 s 以下,回到初始状态。

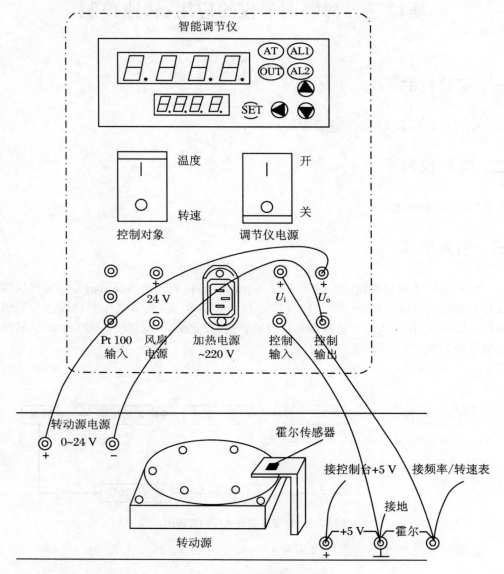

图 12.4 智能调节仪的接线图

(3) 按住SET 3 s 以上,进入智能调节仪 B 菜单,靠上窗口显示"dAH",靠下窗口显示待设置的上限报警值。按◀可改变小数点位置,按▲或▼键可修改靠下窗口的上限报警值。上限报警时仪表右上"AL1"指示灯亮(参考值 5 000)。

(4) 继续按SET键 3 s 以下,靠上窗口显示"ATU",靠下窗口显示待设置的自整定开关,控制转速时无效。

（5）继续按⑱ET键 3 s 以下，靠上窗口显示"P"，靠下窗口显示待设置的比例参数值，按"◀"可改变小数点位置，按▲或▼键可修改靠下窗口的比例参数值。

（6）继续按⑱ET键 3 s 以下，靠上窗口显示"I"，靠下窗口显示待设置的积分参数值，按"◀"可改变小数点位置，按▲或▼键可修改靠下窗口的积分参数值。

（7）继续按⑱ET键 3 s 以下，靠上窗口显示"LCK"，靠下窗口显示待设置的锁定开关，按▲或▼键可修改靠下窗口的锁定开关状态值，"0"允许 A、B 菜单，"1"只允许 A 菜单，"2"禁止所有菜单。继续按⑱ET键 3 s 以下，回到初始状态。

（8）经过一段时间（20 min 左右）后，转动源的转速可控制在设定值，控制精度 ±2%。

五、实验报告

（1）根据自己的理解设定"P""I"相关参数，并观察转速控制效果。

（2）画出转速控制原理框图。

实验十三　I/V、F/V 转换实验 [*]

一、实验目的

了解 I/V、F/V 信号转换的原理与应用。

二、实验模块及部件

信号转换模块、转动源、恒流源、直流电压表、直流稳压电源、频率/转速表。

三、相关原理

在控制系统及测量设备中,如需对电流信号进行数字测量,首先要将电流转换成电压,然后由数字电压表进行测量。有些传感器直接输出脉冲信号,为了转化成国际电工委员会(IEC)使用的统一标准信号,需要对传感器输出的脉冲信号进行频率—电压转换。

图 13.1 所示为用运放构成的 I/V 转换电路,转换范围为 0~20 mA 和 0~10 V。

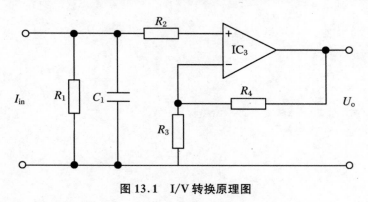

图 13.1　I/V 转换原理图

F/V 常用集成转换器件如 LM331,其外部接线如图 13.2 所示,最高脉冲频率转换可到 10 kHz。

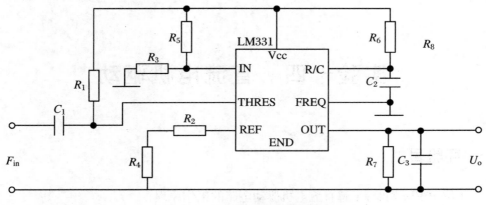

图 13.2 F/V 转换原理图

四、实验内容与操作步骤

(1) 打开实验台电源,将 ±15 V 直流稳压电源接入信号转换模块。

(2) 将恒流源(0~20 mA)接入 I/V 转换的输入端,用直流电压表测量输出的电压值,建议每隔 2 mA 记录一次数据。将所测得的结果填入表 13.1。

表 13.1

I(mA)										
V(V)										

(3) 将转动源模块的光电传感器输出的脉冲信号接到 F/V 转换的输入端,用频率/转速表的频率挡测量脉冲信号频率,用直流电压表测量输出的电压值。调节转动源转速,每 20 Hz 记录一次数据,填入表 13.2。

表 13.2

F(Hz)										
V(V)										

根据记录的数据,得出 I/V、F/V 转换的输入、输出范围和转换精度。

实验十四　直流电机驱动

一、实验目的

了解 PWM 调制；了解直流电机驱动电路的工作原理。

二、实验设备

转动源、信号转换模块、0～5 V 直流稳压电源、频率/转速表、直流电压表。

三、相关原理

直流电机在应用中有多种控制方式，在直流电机的调速控制系统中，主要采用电枢电压控制电机的转速与方向。

功率放大器是电机调速系统中的重要部件，它的性能及价格对系统都有重要的影响。早期的功率放大器是采用磁放大器、交磁放大机或可控硅（晶闸管），现在基本上采用晶体管功率放大器。PWM 功率放大器与线性功率放大器相比，有功耗低、效率高、有利于克服直流电机的静摩擦等优点。

PWM 调制与晶体管功率放大器的工作原理如下：

图 14.1 所示为以 SG3525 为核心的控制电路。SG3525 是美国 Silicon General 公司生产的专用 PWM 控制集成芯片，其内部电路结构及各引脚如图 14.2 所示。SG3525 采用恒频脉宽调制控制方案，其内部包含有精密基准源、锯齿波振荡器、误差放大器、比较器、分频器和保护电路等。调节 U_r 的大小，在 A，B 两端可输出两个幅度相等、频率相等、相位相互错开 $180°$、占空比可调的矩形波（即 PWM 信号）。它适用于各种开关电源、斩波器的控制。

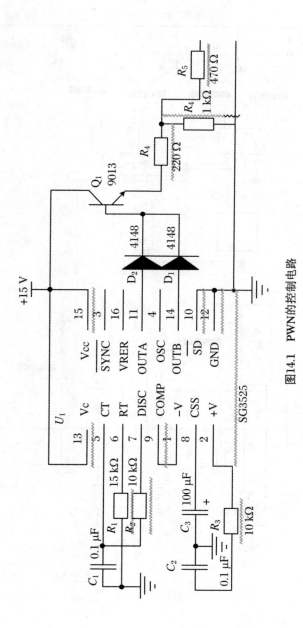

图14.1 PWN的控制电路

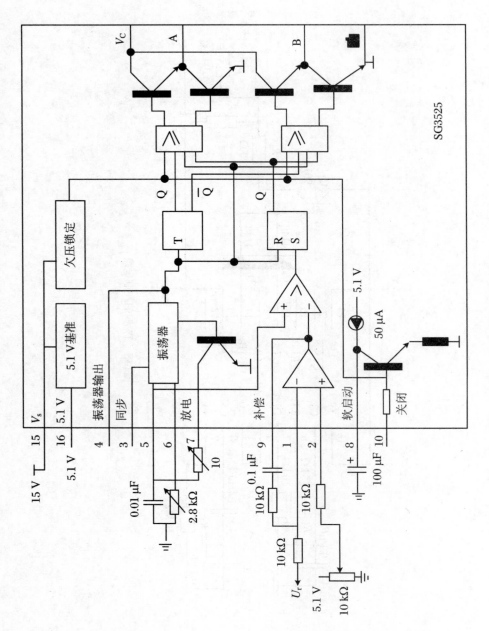

图14.2 SG3525内部结构

104

四、实验内容与操作步骤

（1）将实验台直流电源连接到信号转换实验模块的电源端子。

（2）将 0～5 V 可调直流稳压电源接入直流电机驱动电路的输入端,同时用直流电压表监控输入电压值。电机驱动电路的输出端接转动源 2～24 V 输入。光电传感器输出接转速/频率表,在电路无误的情况下打开实验台电源。

（3）调节直流稳压电源,记录直流电机的启动电压,待电机转动平稳后记下电机转速对应的驱动电压,填入表 14.1。

表 14.1

V_{in}（V）										
n（rpm）	启动									

（4）根据实验所得的数据,作 V_{in}-n 曲线。

实验十五　压阻式传感器实验

项目一　扩散硅压阻式压力传感器实验

扩散硅压阻式压力传感器是利用单晶硅的压阻效应制成的器件,也就是在单晶硅的基片上用扩散工艺(或离子注入及溅射工艺)制成一定形状的应变元件。当应变元件受到压力作用时,其电阻发生变化,从而使输出电压随之变化。

一、实验目的

了解扩散硅压阻式压力传感器的工作原理和工作情况。

二、所需单元及部件

主/副电源、直流稳压电源、差动放大器、F/V 显示表、压阻式传感器(差压)、U 形管及其加压配件或压力计。

旋钮初始位置:直流稳压电源 ±4 V 挡,F/V 表切换开关置于 2 V 挡,差放增益适中或最大,主/副电源关闭。

三、实验步骤

(1) 了解所需单元、部件、传感器的符号及其在仪器上的位置。

(2) 如图 15.1 所示将传感器及电路连好,注意接线正确,否则易损坏元器件,差放接成同相或反相均可。

(3) 将清洁的自来水小心地倒入 U 形管内,直至 20 cm 刻度处(少一点也可)。

(4) 如图 15.2 所示接好传感器供压回路,传感器具有两个气嘴:一个高压嘴、一个低压嘴,当高压嘴接入正压力时(相对于低压嘴)输出为正,反之为负。

(5) 将加压皮囊上单向调节阀的锁紧螺丝拧松。将 U 形管直立于便于观察的地方,尽量保持 U 形管竖直。

（6）开启主/副电源,调整差放零位旋钮,使电压表指示尽可能为零,记下此时电压表读数。

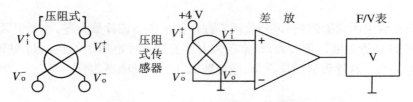

图 15.1 压阻式压力传感器实验原理图

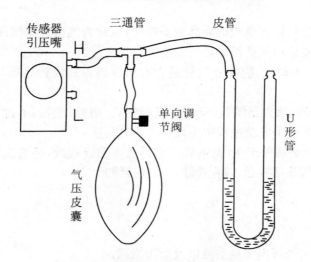

图 15.2 传感器供压回路原理图

（7）拧紧皮囊上单向调节阀的锁紧螺丝,轻按加压皮囊,注意不要用力太大,否则水会从 U 形管中冲出,当 U 形管中的液面刻度差小于等于 4 cm(0.4 kPa)且电压表有压力指示时,记下此时的读数,然后每隔这一刻度差,记一次读数,并将数据填入表15.1。

表 15.1

压力 P(kPa)				$\cdots$
电压 V(mV)				$\cdots$

注:1 kPa = 10 cm 水柱高。根据所得的结果计算系统灵敏度

$$S = \frac{\Delta V}{\Delta P}$$

并作出 V-P 关系曲线,找出线性区域以便在作为液面计时使用,进行标定。

四、标定方法

拧松皮囊上的锁紧螺丝,调差放调零旋钮使电压表的读数为零,拧紧锁紧螺丝,手压皮囊使 U 形管的液位差较大,调差动放大器的增益使电压表的指示与 U 形管的液位差读数一致。这样重复操作零位、增益调试几次直到满意为止。

五、注意事项

(1) 如在实验中 U 形管内液面高度不稳定,应检查气体加压回路是否漏气、气囊上单向调节阀的锁紧螺丝是否拧紧。

(2) 如读数误差较大,应检查气管是否有折压现象造成传感器与 U 形管之间的供气压力不均匀。

(3) 如觉得差动放大器增益不理想,可调整其"增益"旋钮,不过此时应重新调整零位。调好以后在整个实验过程中不得再改变其位置。

(4) 实验完毕必须关闭主/副电源后再拆去实验连接线(拆去实验连接线时要注意手要拿住连接线头部拉起,以免拉断实验连接线)。

六、思考题

差压传感器是否可用于真空度以及负压测试?

项目二　扩散硅压力传感器的应用:测量液位 *

一、实验目的

(1) 了解扩散硅压力传感器测量液位的基本原理。
(2) 学习扩散硅压力传感器的特性与应用。

二、实验模块及部件

(1) 应变传感器实验模块;
(2) JCY-3 液位/流量检测模块。

三、相关原理

在具有压阻效应的半导体材料上用扩散法或离子注入法制成。摩托罗拉公司设计的 X 形硅压力传感器如图 15.3 所示:在此元件的一个方向上加偏置电压形成电流 i,当有剪切力作用时,在垂直电流方向将会产生电场变化

$$E = \Delta\rho \cdot i$$

该电场的变化引起电位变化,则可得由与电流垂直方向的两侧压力引起的输出电压 $U_{\circ}$:

$$U_{\circ} = d \cdot E = d \cdot \Delta\rho \cdot i$$

式中,d 为元件两端距离。扩散硅压力传感器输出电压可以很好地反映加在敏感元件上的压力的变化,而这一压力的变化可以反映来自液位的变化。

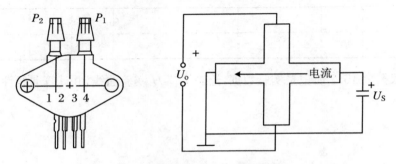

图 15.3　MPX10 传感器工作原理图

本实验装置选择的是摩托罗拉公司的 MPX10P,工作电压最大直流 6 V,最大检测压力 100 kPa;有 4 个引出脚,1 脚接地、2 脚接 $U_{\circ}^{+}$、3 脚接 +5 V 电源、4 脚接 $U_{\circ}^{-}$;当 $P_1 > P_2$ 时,输出为正;$P_1 < P_2$ 时,输出为负,这里的 P_2 为大气压强。传感器本身没有调零功能,而且输出信号为 mV 级,需要对信号进行调零和放大处理。

四、实验内容与操作步骤

(1) 将 JCY-3 液位/流量检测装置的液位水箱出水阀门打开(出水阀门在机箱内,竖向为开、横向为关),通过液位水箱和出水阀门向储水箱注水,注满但不要溢出(实验前检查各水箱内是否有杂物,若有,应将流量计两端软管拧开,并向水箱内注水冲走杂物,以免堵塞流量计);随后关闭液位水箱出水阀门并打开液位水箱进水阀门(横向为开、竖向为关)。

(2) 打开主控台电源,这里选择 +6 V 作为传感器电源,调节直流稳压电源的"电压选择"旋钮到 ±6 V,并将"+"的输出接 JCY-3 液位/流量检测装置"传感器电源"。

(3) 将 ±15 V 直流稳压电源接至应变传感器实验模块,调节 R_{w_3} 到适当位置,将

输入 U_i 短路,调节 R_{W_4} 使差分放大电路输出"U_{o2}"为 0(选择直流电压表 200 mV 观察)。

(4) 如图 15.4 所示,拿掉短路线,将 +6 V 直流稳压电源接到调零 R_{W_1} 两端,JCY-3 液位/流量检测装置的"LT 输出"正端接 R_{W_1} 中间抽头(串接了一个电阻),"LT 输出"接差分电路输入端"U_i",调节 R_{W_1} 使"U_{o2}"为 0(选择直流电压表 200 mV 观察)。

(5) 将 24 V 直流稳压电源输出,接到 JCY-3 液位/流量检测装置"电机 M 电源"。液位水箱注满水后将电机电源断开。

(6) 调节液位水箱出水阀使其有一个小的开度,让液位水箱的液位慢慢回落,每隔 5 mm 记录"U_{o2}"输出电压值(选择直流电压表 20 V 观察),并将实验结果填入表 15.2。

表 15.2

H(mm)											
U_{o2}(V)											

(7) 根据表 15.2 所记录实验数据,绘制 U_{o2}-H 实验曲线,并计算非线性误差。

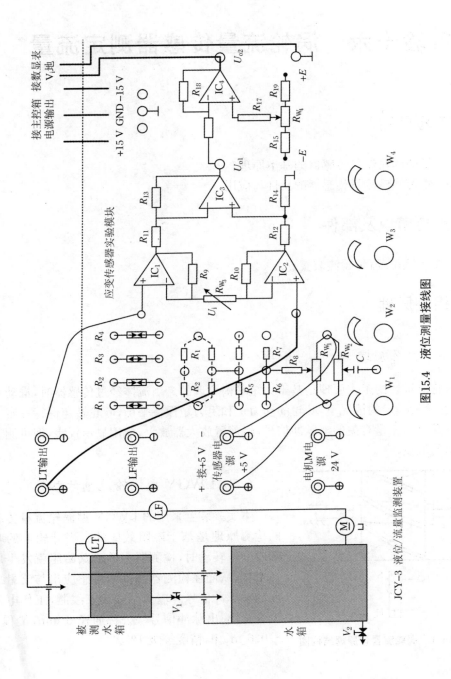

图15.4 液位测量接线图

实验十六　涡轮流量传感器测定流量 *

一、实验目的

(1) 了解涡轮流量传感器的基本原理。

(2) 学习涡轮流量传感器的特性与应用。

二、实验模块及部件

JCY-3 液位/流量检测装置。

三、相关原理

（一）工作原理

涡轮流量计的工作原理是基于力矩平衡原理的。当流体经过传感器时，推动叶轮转动，在流量一定的情况下，叶轮的动力矩和阻力矩保持平衡，叶轮转速保持一定。传感元件发出与流量有关的电脉冲信号，经前置放大器放大，配用显示仪表，即可测量流经管道的流量。

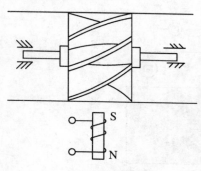

图 16.1　涡轮流量计原理结构图

（二）LWGY 型涡轮流量计参数

本实验装置采用的 LWGY 型涡轮流量传感器的检测原理是基于磁阻效应的。当叶轮上的叶片随着叶轮转动时，检测器中的磁路磁阻就发生周期性变化，从而在检测器线圈两端感应出与流量成正比的电脉冲信号。输出引线为三线制，工作电源直流 5 V，输出脉冲信号。公称通径 6 mm，量程 0.1～0.6 m³/h，精度等级 1%。

四、实验内容与操作步骤

（1）将 JCY-3 液位/流量检测装置的液位水箱出水阀门打开（出水阀门在机箱内，竖向为开，横向为关），通过液位水箱和出水阀门向储水箱注水，注满但不要溢出（实验前检查各水箱内是否有杂物，若有，应将流量计两端软管拧开，并向水箱内注水冲走杂物，以免堵塞流量计）。

（2）打开主控台电源，将 24 V 直流稳压电源输出接到 JCY-3 液位/流量检测装置的"电机 M 电源"。打开液位水箱进水阀门（横向为开，竖向为关），JCY-3 液位/流量检测装置"传感器电源"接主控台"+5 V"，"LF"输出接频率/转速表（选择频率），待读数稳定后，关闭液位水箱的出水阀门，同时按下计时器的"复位"按钮，开始计时。

（3）直到液位水箱注满水并开始溢流（液位水箱中的铁管为溢流孔）时再按一下计时器"复位"按钮，停止计时，记下此注满液位水箱的时间 t_1。

（4）打开液位水箱的出水阀门，待液位水箱的水位为零时，调整液位水箱进水阀门的开度，使"频率/转速"表显示下调 20 Hz。关闭液位水箱的出水阀门并同时按下计时器的"复位"按钮，开始计时，直到液位水箱注满水并开始溢流（液位水箱中的铁管为溢流孔）时再按一下计时器"复位"按钮，停止计时，记下此注满液位水箱的时间 t_2。

（5）重复步骤（4）直到"LF"输出在 100 Hz 左右，将输出频率和对应的注水时间填入表 16.1。

表 16.1

f(Hz)									
t(s)									

（6）根据表中所记录实验数据和液位水箱的容积 2.8 L，计算流量传感器输出频率对应的流量 $Q(\text{m}^3/\text{h})$，绘制 f-Q 实验曲线，并计算非线性误差。

实验十七　磁电式传感器实验

项目一　磁电式传感器的性能

一、实验目的

了解磁电式传感器的原理及性能。

二、所需单元及部件

差动放大器、涡流变换器、激振器、示波器、磁电式传感器、涡流传感器、振动平台、主/副电源。

有关旋钮的初始位置:差动放大器增益旋钮置于中间,低频振荡器的幅度旋钮置于最小,F/V 表置 2 kHz 挡。

三、实验步骤

(1) 观察磁电式传感器的结构,根据图 17.1 所示的电路结构,将磁电式传感器、差动放大器、低通滤波器、双线示波器连接起来,组成一个测量线路,并将低频振荡器的输出端与频率表的输入端相连,开启主/副电源。

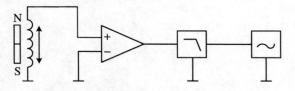

图 17.1　磁电式传感器实验原理图

(2) 调整好示波器,将低频振荡器的幅度旋钮固定至某一位置,调节频率,调节时用频率表监测频率,用示波器读出峰—峰值填入表 17.1。

表 17.1

$f(\mathrm{Hz})$	3	4	5	6	7	8	9	10	20	25
$V_{(\mathrm{p-p})}(\mathrm{V})$										

（3）拆去磁电传感器的引线,把涡流传感器经涡流变换后接入低通滤波器,再用示波器观察输出波形(波形的好坏与涡流传感器的安装位置有关,参照涡流传感器的实验)并与磁电传感器的输出波形相比较。

四、思考题

（1）试回答磁电式传感器的特点。

（2）比较磁电式传感器与涡流传感器输出波形的相位差别,并分析其异同的原因。

项目二　磁电式传感器的应用:测量转速 *

一、实验目的

了解磁电式传感器测速的原理及方法。

二、实验模块及部件

转动源、磁电感应传感器、$+4/\pm6/\pm8/\pm10$ V 直流电源、频率/转速表、示波器。

三、相关原理

磁电感应式传感器是以电磁感应原理为基础,根据电磁感应定律,线圈两端的感应电动势正比于线圈所包围的磁通对时间的变化率,即

$$e = -\frac{\mathrm{d}\Phi}{\mathrm{d}t} = -W\frac{\mathrm{d}\varphi}{\mathrm{d}t}$$

其中,W 是线圈匝数;Φ 是线圈所包围的磁通量。若线圈相对磁场运动速度为 v 或角速度 w,则上式可改为

$$e = -WBLv$$

或者

$$e = -WBS\omega$$

其中,L 为每匝线圈的平均长度;B 为线圈所在磁场的磁感应强度;S 为每匝线圈的平均截面积。

四、实验内容与操作步骤

(1) 按图 17.2 所示安装磁电感应式传感器。传感器底部距离转动源 4~5 mm (目测),磁电式传感器的两根输出线接到频率/转速表上。

(2) 打开实验台电源,选择不同电源 4/6/8/10/12(±6)/16(±8)/20(±10)/24 V驱动转动源(注意正负极,接错会烧坏电机),可以观察到转动源转速的变化,待转速稳定后,记录对应的转速,也可用示波器观测磁电传感器输出的波形。

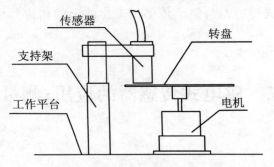

图 17.2　磁电感应式传感器安装图

(3) 分析磁电式传感器测量转速原理,根据表 17.2 中记录的驱动电压和转速,作 $V\text{-}n$ 曲线。

表 17.2

电压(V)	4	6	8	10	12	16	20	24
转速 n(rpm)								

116

实验十八 温度测量和控制实验 *

项目一 A/D 与 D/A 转换 *

一、实验目的

通过实验了解模拟量通道中模数转换与数模转换的实现方法。

二、实验模块及部件

（1）THBXD 数据采集卡一块（含 37 芯通信线、16 芯排线和 USB 电缆线各 1 根）。

（2）PC 机 1 台（含上位机软件"THSRZ"）。

三、实验内容与操作步骤

（1）输入一定值的电压，测取模数转换的特性，并分析之。

（2）在上位机输入一个十进制代码，完成通道的数模转换。

（3）启动实验台的"电源总开关"，打开 +5 V，±15 V 电源。将"稳压源 0～5 V"输出端连接到"数据采集接口单元"的"AD1"通道，同时将采集接口单元的"DA1"输出端连接到接口单元的"AD2"输入端。

（4）将"稳压源 0～5 V"的输出电压调节为 1 V。

（5）启动计算机，在桌面双击图标"THSRZ"，在打开的软件界面上点击"开始采集"按钮。

（6）点击软件"系统"菜单下的"AD/DA 实验"，在 AD/DA 实验界面上点击"开始/停止"按钮，观测采集卡上 A/D 转换器的转换结果，在输入电压为 1 V 时应为 0000001100011101（其中后几位将处于实时刷新状态）。调节阶跃信号的大小，然后继续观 A/D 转换器的转换结果，并与理论值（详见本项目附录）进行比较。

（7）根据 D/A 转换器的转换规律（详见本项目附录），在 D/A 部分的编辑框中输入一个十进制或十六进制数据,然后在虚拟示波器上观测 D/A 转换值的大小。

(8) 实验结束后,关闭脚本编辑器窗口,退出实验软件。

附录

(一) 数据采集卡

本实验台采用了 THBXD 数据采集卡。这是一种基于 USB 总线的数据采集卡,卡上装有 14 bit 分辨率的 A/D 转换器和 12 bit 分辨率的 D/A 转换器,其转换器的输入量程均为 ± 10 V,输出量程均为 ± 5 V。该采集卡为用户提供 4 路模拟量输入通道和 2 路模拟量输出通道。其主要特点如下:

(1) 支持 USB 1.1 协议,真正实现即插即用。

(2) 400 kHz 的 14 位 A/D 转换器,通过率为 350 kHz,12 位 D/A 转换器,建立时间 10 μs。

(3) 4 通道模拟量输入和 2 通道模拟量输出。

(4) 8 kB 深度的 FIFO 保证数据的完整性。

(5) 8 路开关量输入,8 路开关量输出。

(二) AD/DA 转换原理

数据采集卡采用"THBXD"USB 卡,该卡在进行 A/D 转换实验时,输入电压与二进制的对应关系为:－10～＋10 V 对应为 0～16383(A/D 转换为 14 位)。其中 0 V 为 8192。其主要数据格式如表 18.1 所示(采用双极性模拟输入)。

表 18.1

输　入	A/D 原始码(二进制)	A/D 原始码(十六进制)	求补后的码(十进制)
正满度	01 1111 1111 1111	1FFF	16383
正满度 － 1LSB	01 1111 1111 1110	1FFE	16382
中间值(零点)	00 0000 0000 0000	0000	8192
负满度 ＋ 1LSB	10 0000 0000 0001	2001	1
负满度	10 0000 0000 0000	2000	0

而 D/A 转换时的数据转换关系为:－5～＋5 V 对应为 0～4095(D/A 转换为 12 位),其数据格式(双极性电压输出时)如表 18.2 所示。

表 18.2

输　入	D/A 数据编码
正满度	1111 1111 1111
正满度 − 1LSB	1111 1111 1110
中间值(零点)	1000 0000 0000
负满度 + 1LSB	0000 0000 0001
负满度	0000 0000 0000

（三）编程实现测试信号的产生

利用上位机的"脚本编程器"可编程实现各种典型信号的产生,如正弦信号、方波信号、斜坡信号、抛物线信号等,其函数表达式分述如下:

1. 正弦信号

$$y = A\sin(\omega t + \varphi) \qquad \left(T = \frac{2\pi}{\omega}\right)$$

2. 方波

$$y = \begin{cases} A & (0 \leqslant t < T_1) \\ 0 & (T_1 \leqslant t < T) \end{cases}$$

3. 斜坡信号

$$y = \begin{cases} at & (0 \leqslant t < T_1) \\ 0 & (T_1 \leqslant t < T) \end{cases} \qquad (a \text{ 为常量})$$

4. 抛物线信号

$$y = \begin{cases} \frac{1}{2}at^2 & (0 \leqslant t < T_1) \\ 0 & (T_1 \leqslant t < T) \end{cases} \qquad (a \text{ 为常量})$$

这里以抛物线信号为例进行编程,其具体程序如下:

```
dim tx,op,a                 '初始化函数
sub Initialize(arg)         '初始化函数
WriteData 0 ,1              '对采集卡的输出端口 DA1 进行初始化
tx = 0                      '对变量初始化
end sub
sub TakeOneStep (arg)       '算法运行函数
a = 1
op = 0.5 * a * tx * tx
tx = tx + 0.1              '0.1 为时间步长
```

```
if   op>3   then                         '波形限幅
tx = 0
end if
WriteData op , 1                         '数据从采集卡的 DA1 端口输出
end sub
sub Finalize（arg）                       '退出函数
WriteData 0 , 1
end sub
```

通过改变变量"tx""a"的值即可改变抛物线的上升斜率。

其他典型信号的编程请参考 THSRZ 上位机安装目录下的"VBS 脚本程序\计算机控制技术"目录内参考示例程序。

项目二　集成温度传感器测量温度 *

一、实验目的

了解常用的集成温度传感器（AD590）基本原理、性能与应用。

二、实验模块及部件

智能调节仪、Pt100、AD590、温度源、温度传感器实验模块。

三、相关原理

集成温度传感器 AD590 是把温敏器件、偏置电路、放大电路及线性化电路集成在同一芯片上的温度传感器。其特点是使用方便、外围电路简单、性能稳定可靠；不足之处是测温范围较小、使用环境有一定的限制。AD590 能直接给出正比于绝对温度的理想线性输出，在一定温度下，相当于一个恒流源，一般用于 $-50\sim+150$ ℃之间的温度测量。温敏晶体管的集电极电流恒定时，晶体管的基极—发射极电压与温度呈线性关系。为克服温敏晶体管 U_b 电压生产时的离散性，均采用了特殊的差分电路。本实验仪采用电流输出型集成温度传感器 AD590，在一定温度下，相当于一个恒流源。因此不易受接触电阻、引线电阻、电压噪声的干扰，具有很好的线性特性。AD590 的灵敏度（标定系数）为 1 μA/K，只需要一个 $+4\sim+30$ V 电源（本实验仪用 $+5$ V），即可实现温度到电流的线性变换，然后在终端使用一只取样电阻（本实验中为传感器调理

120

电路单元,其中 $R_2 = 100\ \Omega$)即可实现电流到电压的转换,使用十分方便。电流输出型比电压输出型的测量精度更高。

四、实验内容与操作步骤

(1) 将温度控制在 50 ℃,在另一个温度传感器插孔中插入集成温度传感器 AD590。

(2) 将 ±15 V 直流稳压电源接至温度传感器实验模块,温度传感器实验模块的输出 U_{o2} 接主控台直流电压表。

(3) 将温度传感器模块上差动放大器的输入端 U_i 短接,调节电位器 R_{W_4} 使直流电压表显示为零。

(4) 拿掉短路线,按图 18.1 所示接线,并将 AD590 两端引线按插头颜色(一端红色,一端蓝色)插入温度传感器实验模块中(红色对应 a、蓝色对应 b)。

(5) 将 R_6 两端接到差动放大器的输入 U_i,记下模块输出 U_{o2} 的电压值。

(6) 改变温度源的温度每隔 5 ℃记下 U_{o2} 的输出值。直到温度升至 120 ℃,并将实验结果填入表 18.3。

表 18.3

T(℃)									
U_{o2}(V)									

(7) 由表 18.3 记录的数据数据计算在此范围内的集成温度传感器的非线性误差。

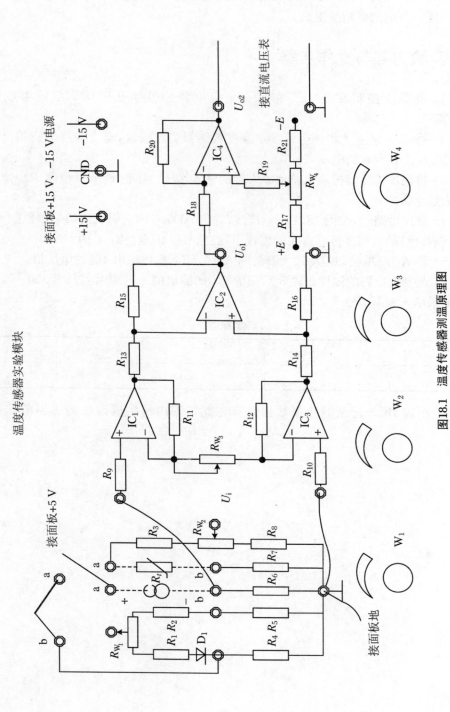

图18.1　温度传感器测温原理图

项目三　智能调节仪控制温度 *

一、实验目的

了解 PID 智能模糊 + 位式调节温度控制原理。

二、实验模块及部件

智能调节仪、Pt100、温度源。

三、相关原理

1. 位式调节

位式调节（ON/OFF）是一种简单的调节方式，常用于一些对控制精度要求不高的场合的温度控制或报警。位式调节仪表用于温度控制时，通常利用仪表内部的继电器控制外部的中间继电器进而再控制一个交流接触器来控制电热丝的通断以达到控制温度的目的。

2. PID 智能模糊调节

PID 智能温度调节器采用人工智能调节方式，是采用模糊规则进行 PID 调节的一种先进的新型人工智能算法，能实现高精度控制，先进的自整定（AT）功能使其无须设置控制参数。在误差大时，运用模糊算法进行调节，以消除 PID 饱和积分现象；当误差趋小时，采用 PID 算法进行调节，并能在调节中自动学习和记忆被控对象的部分特征以使效果最优，具有无超调、高精度、参数确定简单等优点。

3. 温度控制基本原理

由于温度变化具有滞后性，故加热源为一滞后时间较长的系统。本实验仪采用 PID 智能模糊 + 位式双重调节控制温度。可用报警方式控制风扇开启与关闭，使加热源在尽可能短的时间内稳定在某一温度值上，并能在实验结束后通过参数设置将加热源温度快速冷却下来，以节约实验时间。

当温度源的温度发生变化时，温度源中的热电阻 Pt100 的阻值发生变化，将电阻变化量作为温度的反馈信号输给 PID 智能温度调节器，经调节器的电阻—电压转换后与温度设定值比较，再进行数字 PID 运算输出可控硅触发信号（加热）和继电器触发信号（冷却），使温度源的温度趋近温度设定值。PID 智能温度控制原理框图如图 18.2 所示。

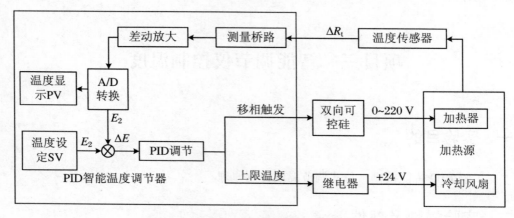

图 18.2　PID 智能温度控制原理框图

四、实验内容与操作步骤

（1）在控制台上的"智能调节仪"单元中"输入"选择"Pt100"，并按图 18.3 所示接线。

（2）将"+24 V 输出"经智能调节仪"继电器输出"，接加热器风扇电源，打开调节仪电源。

（3）按住SET 3 s 以下，进入智能调节仪 A 菜单，仪表靠上的窗口显示"SU"，靠下窗口显示待设置的设定值。当"LOCK"等于 0 或 1 时设置温度的设定值，按◀可改变小数点位置，按▲或▼键可修改靠下窗口的设定值。否则提示"LCK"表示已加锁。再按SET 3 s 以下，回到初始状态。

（4）按住SET 3 s 以上，进入智能调节仪 B 菜单，靠上窗口显示"dAH"，靠下窗口显示待设置的上限偏差报警值。按"◀"可改变小数点位置，按▲或▼键可修改靠下窗口的上限报警值。上限报警时仪表右上"AL1"指示灯亮（参考值 0.5）。

（5）继续按SET键 3 s 以下，靠上窗口显示"ATU"，靠下窗口显示待设置的自整定开关，按▲、▼设置，"0"自整定关，"1"自整定开，开时仪表右上"AT"指示灯亮。

（6）继续按SET键 3 s 以下，靠上窗口显示"dP"，靠下窗口显示待设置的仪表小数点位数，按◀可改变小数点位置，按▲或▼键可修改靠下窗口的比例参数值（参考值 1）。

（7）继续按SET键 3 s 以下，靠上窗口显示"P"，靠下窗口显示待设置的比例参数值，按◀可改变小数点位置，按▲或▼键可修改靠下窗口的比例参数值。

（8）继续按SET键 3 s 以下，靠上窗口显示"I"，靠下窗口显示待设置的积分参数值，按◀可改变小数点位置，按▲或▼键可修改靠下窗口的积分参数值。

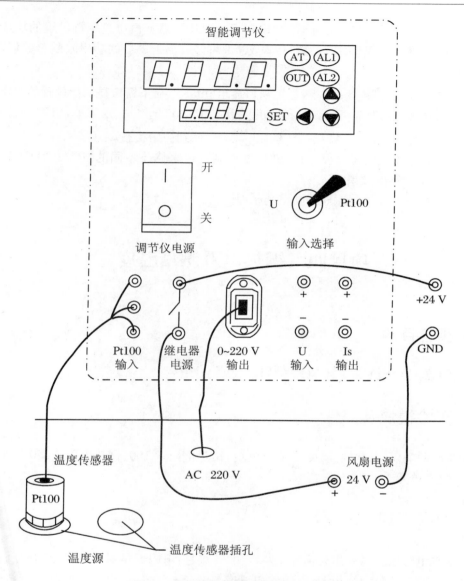

图18.3　智能调节仪温度控制接线图

（9）继续按SET键3 s以下，靠上窗口显示"d"，靠下窗口显示待设置的微分参数值，按◀可改变小数点位置，按▲或▼键可修改靠下窗口的微分参数值。

（10）继续按SET键3 s以下，靠上窗口显示"T"，靠下窗口显示待设置的输出周期参数值，按◀可改变小数点位置，按▲或▼键可修改靠下窗口的输出周期参数值。

（11）继续按SET键3 s以下，靠上窗口显示"SC"，靠下窗口显示待设置的测量显示误差休正参数值，按◀可改变小数点位置，按▲或▼键可修改靠下窗口的测量显示误差休正参数值（参考值0）。

（12）继续按SET键3 s以下，靠上窗口显示"UP"，靠下窗口显示待设置的功率限制参数值，按◀可改变小数点位置，按▲或▼键可修改靠下窗口的功率限制参数值（参考值100%）。

（13）继续按SET键3 s以下，靠上窗口显示"LCK"，靠下窗口显示待设置的锁定开关，按▲或▼键可修改靠下窗口的锁定开关状态值，"0"允许A、B菜单，"1"只允许A菜单，"2"禁止所有菜单。继续按SET键3 s以下，回到初始状态。

（14）设置不同的温度设定值，并根据控制理论来修改不同的"P""I""D""T"参数，观察温度控制的效果。

（15）简述温度控制原理并画出其原理框图。

项目四　铜热电阻测量温度*

一、实验目的

了解铜热电阻测温基本原理与特性。

二、实验模块及部件

智能调节仪、温度源、温度传感器模块、铂热电阻 Pt100、铜热电阻 Cu50、±15 V电源、数显单元。

三、相关原理

铜热电阻以金属铜作为感温元件，它的特点是：电阻温度系数较大、价格便宜、互换性好、固有电阻小、体积大；它的使用温度范围是 $-50\sim+150$ ℃，在此温度范围内铜热电阻与温度的关系是非线性的，如按线性处理则误差较大。通常用下式描述铜热电阻的电阻与温度的关系：

$$R_t = R_0(1 + At + Bt^2 + Ct^3)$$

式中，R_0 为温度为 0℃ 时铜热电阻的电阻值，通常取 $R_0 = 50$ Ω 或 100 Ω；R_t 为温度为 t(℃) 时铜热电阻的电阻值；t 为被测温度；其中 A，B，C 为常数，当 $W_{100} = 1.428$ 时，$A = 4.288\,99\times10^{-3}$℃$^{-1}$，$B = -2.133\times10^{-7}$℃$^{-2}$，$C = 1.233\times10^{-9}$℃$^{-3}$。

铜热电阻体结构如图 18.4 所示，通常用直径 0.1 mm 的漆包线或丝包线以双线绕制，而后浸以酚醛树脂成为一个铜电阻体，再用镀银铜线作引出线，穿过绝缘套管。

铜电阻的缺点是电阻率较低,电阻体的体积较大,热惯性也较大,在 100 ℃以上易氧化,因此只能用于低温以及无侵蚀性的介质中。

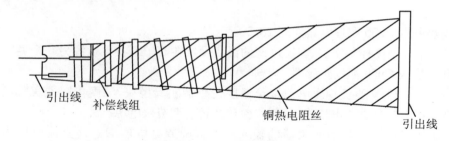

图 18.4　铜热电阻体结构

铜热电阻 Cu50 的电阻温度特性(分度表)见表 18.4。

表 18.4　铜热电阻分度表　　　　　　　　　　　(分度号:Cu50;单位:Ω)

温度(℃)	0	1	2	3	4	5	6	7	8	9
0	50.00	50.21	50.43	50.64	50.86	51.07	51.28	51.50	51.71	51.93
10	52.14	52.36	52.57	52.78	53.00	53.21	53.43	53.64	53.86	54.07
20	54.28	54.50	54.71	54.92	55.14	55.35	55.57	55.78	56.00	56.21
30	56.42	56.64	56.85	54.07	57.28	57.49	57.71	57.92	58.14	58.35
40	58.56	58.78	58.99	59.20	59.42	59.63	59.85	60.06	60.27	60.49
50	60.70	60.92	61.13	61.34	61.56	61.77	61.98	62.20	62.41	62.63
60	62.84	63.05	63.27	63.48	63.70	63.91	64.12	64.34	64.55	64.76
70	64.98	65.19	65.41	65.62	65.83	66.05	66.26	66.48	66.69	66.96
80	67.12	67.33	67.54	67.76	67.97	68.19	68.40	68.62	68.83	69.00
90	69.26	69.47	69.68	69.90	70.11	70.33	70.54	70.76	70.97	71.18
100	71.40	71.61	71.83	72.04	72.25	72.47	72.68	72.80	73.11	71.33
110	73.54	73.75	73.97	74.18	74.40	74.61	74.83	75.04	75.26	76.47
120	75.68	75.90	76.11	76.33	76.54	76.76	76.97	77.19	77.40	77.62

四、实验内容与操作步骤

铜热电阻 Cu50 调理电路如图 18.5 所示。

(1) 重复温度控制实验,将温度源的温度设定在 50 ℃,在温度源另一个温度传感器插孔中插入 Cu50 温度传感器。

(2) 将 ±15 V 直流稳压电源接至温度传感器实验模块,温度传感器实验模块的输出 U_{o2} 接主控台直流电压表,打开实验台及智能调节仪电源。

(3) 短接模块上差动放大器的输入端 U_i,调节电位器 R_{w_4} 使直流电压表显示为零。

(4) 拿掉短路线,按图 18.5 所示接线,并将 Cu50 传感器的三根引出线(同颜色的两个端子短接)插入温度传感器实验模块中"Rt"两端。并将 R_7 和一个 100 Ω 电阻 R_6 并联。

(5) 将 +5 V 直流电源接到电桥两端,电桥输出接到差动放大器的输入 U_i,调节平衡电位器 R_{w_2},使输出 U_{o2} 为 0。

(6) 按实验温度控制实验设置智能调节仪参数,改变温度源的温度,每隔 5 ℃ 记下 U_{o2} 的输出值,直到温度升至 145 ℃,将实验结果填入表 18.5。

表 18.5

t(℃)												
U_{o2}(V)												

五、实验报告

根据表 18.5 中所记录的实验数据,绘制 U_{o2}-t 实验曲线并计算非线性误差。

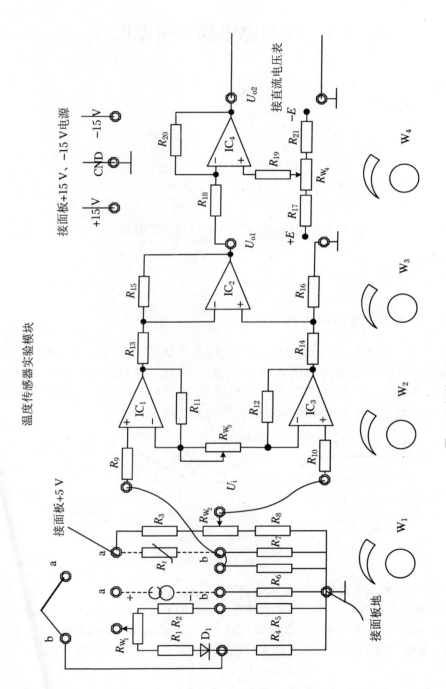

图18.5　铜热电阻Cu50调理电路原理图

项目五 K 型热电偶测量温度 *

一、实验目的

了解 K 型热电偶的特性与应用。

二、实验模块及部件

智能调节仪、Pt100、K 型热电偶、温度源、温度传感器实验模块。

三、相关原理

（一）热电偶传感器的工作原理

热电偶是一种应用最广的温度传感器,它的原理是基于 1821 年发现的塞贝克效应的,即两种不同的导体或半导体 A 或 B 组成一个回路,其两端相互连接,只要两节点处的温度不同,一端温度为 T,另一端温度为 T_0,则回路中就有电流产生,见图 18.6(a),即回路中存在电动势,该电动势被称为热电势。

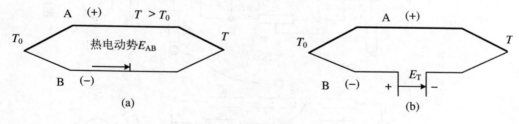

图 18.6

两种不同导体或半导体的组合被称为热电偶。

当回路断开时,在断开处 a,b 之间便有一电动势 E_T,其极性和量值与回路中的热电势一致,见图 18.6(b),并规定在冷端,当电流由 A 流向 B 时,称 A 为正极,B 为负极。实验表明,当 E_T 较小时,热电势 E_T 与温度差 $(T-T_0)$ 成正比,即

$$E_T = S_{AB}(T - T_0) \tag{18.1}$$

式中,S_{AB} 为塞贝克系数,又称为热电势率,它是热电偶最重要的特征量,其符号和大小取决于热电极材料的相对特性。

（二）热电偶的基本定律

1. 均质导体定律

由一种均质导体组成的闭合回路，不论导体的截面积和长度如何，也不论各处的温度分布如何，都不能产生热电势。

2. 中间导体定律

用两种金属导体 A，B 组成热电偶测量时，在测温回路中必须通过连接导线接入仪表测量温差电势 $E_{AB}(T,T_0)$，而这些导体材料和热电偶导体 A，B 的材料往往并不相同。在这种引入了中间导体的情况下，回路中的温差电势是否发生变化呢？热电偶中间导体定律指出：在热电偶回路中，只要中间导体 C 两端温度相同，那么接入中间导体 C 对热电偶回路总热电势 $E_{AB}(T,T_0)$ 没有影响。

3. 中间温度定律

如图 18.7 所示，热电偶的两个结点温度为 T_1，T_2 时，热电势为 $E_{AB}(T_1,T_2)$；两结点温度为 T_2，T_3 时，热电势为 $E_{AB}(T_2,T_3)$，那么当两结点温度为 T_1，T_3 时的热电势则为

$$E_{AB}(T_1,T_2) + E_{AB}(T_2,T_3) = E_{AB}(T_1,T_3) \tag{18.2}$$

式(18.2)就是中间温度定律的表达式。

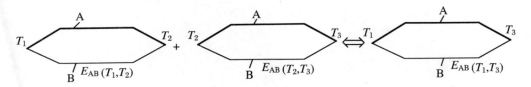

图 18.7　中间温度定律示意图

4. 热电偶的分度号

热电偶的分度号是其分度表的代号（一般用大写字母 S，R，B，K，E，J，T，N 表示）。它是在热电偶的参考端为 0 ℃的条件下，以列表的形式表示的热电势与测量端温度的关系。

四、实验内容与操作步骤

（1）重复 Pt100 温度控制实验，将温度控制在 50 ℃，在另一个温度传感器插孔中插入 K 型热电偶温度传感器。

（2）将 ±15 V 直流稳压电源接入温度传感器实验模块中。温度传感器实验模块的输出 U_{o2} 接主控台直流电压表。

（3）将温度传感器模块上差动放大器的输入端 U_i 短接，调节 R_{w_3} 到最大位置，再调节电位器 R_{w_4} 使直流电压表显示为零。

（4）拿掉短路线，按图 18.8 所示接线，并将 K 型热电偶的两根引线中的热端（红色）接 a，冷端（绿色）接 b；记下模块输出 U_{o2} 的电压值。

（5）改变温度源的温度，每隔 5 ℃ 记下 U_{o2} 的输出值，直到温度升至 120 ℃，并将实验结果填入表 18.6。

表 18.6

t(℃)										
U_{o2}(V)										

五、实验报告

（1）根据表 18.6 的实验数据，作出 $U_{o2}\text{-}t$ 曲线，分析 K 型热电偶的温度特性曲线，计算其非线性误差。

（2）根据中间温度定律和 K 型热电偶分度表，用平均值计算出差动放大器的放大倍数 A。

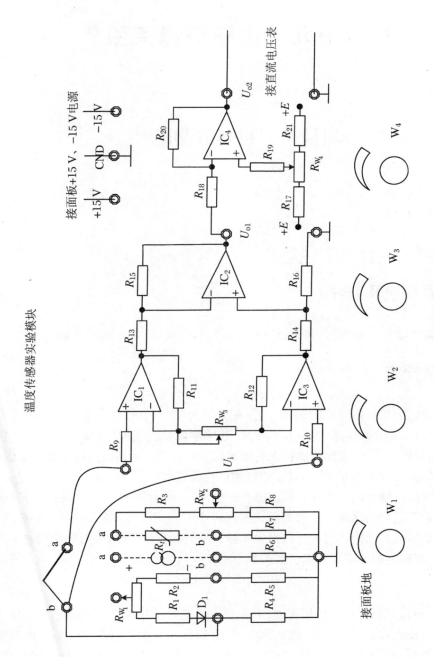

图18.8　热电偶实验接线图

实验十九　位移测量实验 *

项目一　超声波测距 *

一、实验目的

学习超声波测距的原理与方法。

二、实验模块及部件

超声波传感器实验模块、超声波发射/接收器、反射板、直流稳压电源。

三、相关原理

超声波是听觉阈值以外的振动,其频率范围为 $10^4 \sim 10^{12}$ Hz,超声波在介质中可产生三种形式的振荡:横波、纵波和表面波,其中横波只能在固体中传播,纵波能在固体、液体和气体中传播,表面波随深度的增加其衰减很快。超声波测距采用的是纵波,使用的超声波的频率为40 kHz,其在空气中的传播速度近似 340 m/s。

当超声波传播到两种不同介质的分界面上时,一部分声波被反射,另一部分透射过界面。但若超声波垂直于入射界面或者以很小的角度入射,则入射波完全被反射,几乎没有透射过界面的折射波。这里采用脉冲反射法测量距离,因为脉冲反射不涉及共振机理,与被测物体的表面光洁度关系不密切。被测距离

$$D = \frac{CT}{2}$$

其中,C 为声波在空气中的传播速度,T 为超声波发射到返回的时间间隔。

为了方便处理,发射的超声波被调制成 40 kHz 左右的具有一定间隔的调制脉冲波信号。测距系统框图如图 19.1 所示,由图可见,系统由超声波发送部分、接收部分、MCU 和显示部分四个部分组成。

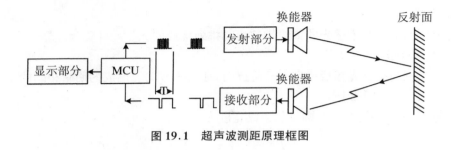

图 19.1 超声波测距原理框图

四、实验内容与操作步骤

（1）将超声波发射接收器引出线接至超声波传感器实验模块,并将＋15 V 直流稳压电源接到超声波传感器实验模块。

（2）打开实验台电源,将反射板正对超声波发射接收器,并逐渐远离超声波发射接收器。用直尺测量超声波发射接收器到反射板的距离,从 60 mm 至 200 mm,每隔 5 mm 记录一次超声波传感器实验模块显示的距离值,填入表 19.1。

表 19.1

距离(mm)													
显示(mm)													

（3）根据所记录的实验数据,计算超声波传感器测量距离的相对误差。

项目二 长光栅传感器测量位移 *

一、实验目的

了解长光栅测量位移的原理与方法。

二、实验模块及部件

JCY-5 光栅线位移传感器检测装置、光栅传感器实验模块。

三、相关原理

长光栅传感器的工作原理如下:

1. 光栅

等节距的透光和不透光的刻线均匀相间排列构成的光学元件称为光栅。

2. 莫尔条纹

当主光栅与指示光栅成一定夹角叠放时,在另一方向上形成的明暗相间的条纹称为莫尔条纹,如图 19.2 所示。

设栅距为 W,夹角为 θ,则莫尔条纹宽度为

$$B = \frac{W}{2\sin\left(\frac{\theta}{2}\right)} \approx \frac{W}{\theta}$$

当指示光栅与主光栅有相对运动时,莫尔条纹也作同步移动。由于 $B \gg W$,栅距被放大许多倍,光电元件测出莫尔条纹的移动,通过脉冲计数得到位移的度量。

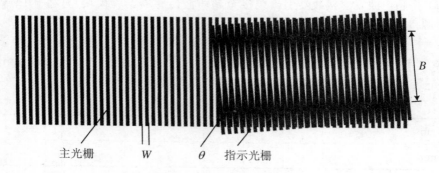

主光栅　　　　W　　　　θ　　指示光栅

图 19.2　莫尔条纹示意图

四、实验内容与操作步骤

(1) 打开实验台电源,将直流稳压电源 + 15 V、+ 5 V 接到 JCY-5 光栅线位移检测装置和光栅传感器模块。

(2) 将采集卡的模拟量和开关量电缆接到采集卡接口(采集卡的地线要接到直流稳压电源地)上,采集卡接口 DO1～DO4 分别接到 JCY-5 光栅线位移传感器检测装置"步进电机驱动模块"的 A,B,C,D 上。光栅角位移传感器输出通过一根排线接到光栅传感器模块的"光栅传感器输入—线位移"上。

(3) 通过 USB 电缆将 USB 数据采集卡接入计算机,并打开 THSRZ-1 V1.3 软件,选择"系统"菜单下的脚本编辑器,在弹出的窗口中选择"文件"→"打开";在弹出的对话框中选择 JavaScript 程序"步进电机控制"(在软件安装路径下的"JS 脚本"文件夹内);认真阅读并理解程序,选择"调试"→"步长设置"在弹出的对话框中设置单位步长时间;选择"调试"→"启动"。

(4) 通过改变"步长设置"的时间控制步进电机转动的速度,设置好光栅传感器模块(见使用说明)。

（5）根据实验得出步进电机每走一步时光栅尺的位移，编写一段 JavaScript 程序使光栅尺前进 20 mm。

（6）将限位传感器的输出接到采集卡接口开关量输入端 DI，编写一段 JavaScript 程序使光栅尺在两个限位开关之间来回运动。

附录　卡尺、千分尺的使用方法介绍

　　计量器具是指能用直接或间接方法测量出被测对象量值的装置、仪器仪表、量具和用于统一量值的标准物质。专职的质量检验人员必须十分熟悉各有关的计量器具的结构、性能、功能及参数，掌握计量器具的选择技术，正确地使用计量器具，所选的计量器具必须符合科学和合理的原则，而且还要能正确而熟练地使用计量器具得到准确的测量结果。

　　卡尺、千分尺的使用十分广泛，其对于来料检验、工程评估及生产分析都有着举足轻重的作用。了解卡尺和千分尺的原理和使用方法不但可以得到精准的测量结果和保证仪器的使用寿命，而且还可以掌握更为简易的测量方法。这对于每一个检验员和测量员来说都十分重要。

认识卡尺和千分尺

一、卡尺的基本知识

　　卡尺是一种用来测量外尺寸和内尺寸、盲孔、阶梯、高度差及凹槽等的相关尺寸或距离的量具。卡尺具有多种测量功能，根据其结构与功能可分为：游标卡尺、数显卡尺、带表卡尺、深度卡尺、高度卡尺和特种卡尺。

　　1. 游标卡尺

　　利用游标原理对两测量面之间分隔的距离通过相对移动进行读数的测量器具简称卡尺或普通卡尺，它具有以下四个功能：

　　（1）外尺寸测量。

　　（2）内尺寸测量。

　　（3）深度和高度尺寸测量。

　　（4）用于划直线和平行线。

　　因此有时也称四用卡尺。

　　2. 带表卡尺

　　带表卡尺是利用机械传动系统，将两测量面的相对移动转变为指示表指针的回转运动,并借助尺身标尺和指示表对两测量面之间分隔的距离通过相对移动进行读数的测量器具。

带表卡尺与游标卡尺相比,只有主标尺没有副标尺,其副标尺所显示的数字通过指示表盘表示出来。带表卡尺分为两种类型:Ⅰ型和Ⅱ型。

Ⅰ型带表卡尺同Ⅰ型游标卡尺相似,只是用指示表代替了副游标尺。

Ⅱ型带表卡尺在Ⅰ型的基础上取消了深度测量杆。

3. 数显卡尺

数显卡尺是利用电子测量、数字显示的原理,对两测量面相对移动分隔的距离进行读数测量的器具,它是机—电—光一体化的产品。数显卡尺在尺身上没有刻度值作为读数的依据,其由三部分组成:

(1)机械尺身。

(2)定栅尺。

(3)电子部件。

机械尺身与游标卡尺的尺身结构相同。数显卡尺一共有四种类型:

Ⅰ型数显卡尺,除了显示方式不同以外,其余同游标卡尺一样。

Ⅱ型卡尺没有深度测量杆。

Ⅲ型数显卡尺和Ⅳ型数显卡尺都在外测量爪上做了针对性的改变,根据不同测量的要求,改变了外测量爪的形状,Ⅳ型数显卡尺同Ⅲ型相比没有内测量爪。

4. 高度卡尺

高度卡尺简称高度尺,其机理与其他卡尺相同。其分为高度游标尺、带表高度尺和电子数显高度尺三类。

高度游标尺是利用游标原理对装置在尺框上的划线量爪工作面或者测量头与底座工作面相对移动分隔的距离进行读数的测量器具。

带表高度尺是利用机械传动系统,对装置在尺框上的划线量爪工作面与底座平行面的相对移动分隔的距离进行读数的测量器具。

电子数显高度尺是利用电子测量—数字显示原理,对装置在尺框上的划线量爪工作面相对移动分隔的距离进行读数的测量器具。

5. 深度卡尺

深度卡尺是一种测量不平台阶或台阶差的卡尺。

游标深度尺是利用游标原理对尺框测量面和尺身相对移动分隔的距离进行读数的测量器具。

电子数显深度尺是利用电子测量—数字显示原理,对尺框测量面和尺身相对移动分隔的距离进行读数的测量器具。

带表深度尺是利用机械传动系统,将两测量面的相对移动转变为指示表指针的回转运动,并借助尺身标尺和指示表对两测量面相对移动所分隔的距离进行读数的测量器具。

6. 特殊卡尺

特殊卡尺是为了满足特殊要求而设计的专用卡尺,它没有通用的样式和结构。

二、千分尺的基本知识

游标原理是卡尺的基本原理,而螺旋副原理是千分尺的基本原理。由螺旋副原理设计出了测微头,而用测微头可构成各式各样用途的千分尺。所谓的测微头是利用螺旋副原理,对测量螺杆轴向位移量进行读数并备有安装部位的测量器具,测微头分为机械式和数显式两大类:

1. 机械式千分尺

机械式千分尺根据表数形式可分为:微分筒千分尺和带表千分尺;根据测量方式又可分为:内径千分尺、外径千分尺、内测千分尺和深度千分尺。

螺旋副原理是将测微杆的旋转运动变成直线位移,螺杆在轴心线方向上移动的距离与螺杆的转角成正比:

$$L = \frac{P\theta}{2\pi}$$

式中,L 为测杆直线位移的距离,单位为 mm;P 为测杆的螺距,单位为 mm;θ 为测杆的转角;π 为圆周率,$\pi = 3.141\ 592\ 6$。

2. 深度千分尺

深度千分尺是利用螺旋副原理,对底座基面与测量杆测量面间分隔的距离进行读数的深度测量器具,它的用途和深度卡尺相同。

3. 内径千分尺

内径千分尺是测量孔径大小的千分尺,它每次使用前都必须先进行校准。

4. 内测千分尺

内测千分尺是用于测量内孔距离的千分尺(包括圆孔在内的所有内测尺寸)。

5. 外径千分尺

外径千分尺是测量工件外径的千分尺。

6. 特殊用途千分尺

特殊用途千分尺是一些为了特殊用途专门制造的千分尺。

卡尺、千分尺的使用

一、卡尺的使用

(1) 在使用卡尺之前需要清理外量爪和内量爪表面的杂质和异物,从而确保测量的准确性。

（2）确认是否已经归零，闭合卡尺的外量爪为零值状态，观察示值是否为零，测量面是否存在间隙。如没有置零须手动归零，当然也可以在有不间断电源的条件之下将之永久设定为原点。

（3）卡尺的内量爪的有效深度为 12 mm，如果超过此深度则应采用其他方法进行测量。

（4）在测量外径时应把测量面拉大且超过被测体，测内径时应将测量面缩小并小于被测体，然后再进行测量。

（5）在进行深度测量时，先把测量杆拉出并超过被测体的深度，然后缓慢压至被测体上测量面，测量时应保证测量杆垂直被测面。

（6）在使用卡尺时，右手的大拇指应放在微调轮上用来控制测量时的小距离调节，调节时所用的力度一般为 3 N 或正常接触。

（7）在进行内孔测量时，应保证卡尺两内测量面连线穿过孔中心圆且垂直于上下孔中心连线或水平移动，以保证所测的值为该孔径穿过中心点的最大值。

（8）数显卡尺在进行长距离的测量时，应保持匀速和缓慢移动，移动过快会引起跳数。

二、千分尺的使用

（1）在使用千分尺时，必须首先归零。深度千分尺须在 1 级平台上归零；内径千分尺校准时必须用专用校正规；如果是带有测力装置的千分尺，在归零时所用的力须和测量时保持一致。

（2）深度千分尺归零时，应首先将测量杆收回基座。可将千分尺的基座置于平台上，缓慢使测量杆向下移动至平台，然后再归零。

（3）外径千分尺归零时，须缓慢地使测量杆与测砧接触。如果需要校正，应加用校正杆，所用的力度以不使校正杆滑落（国家标准规定用力为 2～3 N）即可。

（4）在测量时，考虑到测量的不确定性，一般都要置零两次以上，而测量次数不应低于 3 次。

（5）在使用外径千分尺进行外径测量时，严禁用单手操作，最好采用千分尺底座或辅助设备。

（6）由于千分尺为精确测量仪器，考虑到其测量时的重复性因素，应多取几次测量值。

（7）内径千分尺测量多为三点接触式，测量时应注意其上下位置和垂直情况。

（8）在测量完成后，应对千分尺再次回零。观察是否可以归零，其示值零位误差不可超过 0.002 mm，否则则需要重新测量或校准。

卡尺、千分尺使用注意事项

一、卡尺的使用注意事项

(1) 跟大多数仪器一样,数显卡尺的使用和存放应避开高温、油脂和水,也应避开强磁场。这些因素不仅影响使用和测量精度,也会影响卡尺的寿命。

(2) 所有的卡尺都是线性测量仪器,对尺身的线形要求十分高,随意地丢置与敲击对其都会有负面影响,特别是内量爪的尖部受影响更大。

(3) 在使用卡尺时,内量爪、外量爪和深度尺都只能用于正常的测量,不可用于其他用途。

(4) 应随时保持尺身清洁,清洁表面所用的器物与试剂须符合要求(工业酒精、丝绒布、专用毛刷等)。

(5) 注意数值显示情况,是否有跳数或在使用过程中自动归零的现象发生,以免影响测量结果。严禁用强光照射显示器,以防液晶显示器老化。

(6) 不要用电刻笔在数显卡尺上刻字,以防把电子线路击穿。

(7) 在对游标卡尺进行读数时,视线应垂直于游标刻度线,不可从侧面或斜视读数。

二、千分尺的使用注意事项

(1) 千分尺为电子仪器,对使用环境要求比卡尺高,除了卡尺的使用要求外,操作场所的温度过高和过低都对测量结果有影响。

(2) 千分尺不可随意丢置乱放,用后应拆下组合件。外径千分尺放置时,测量杆与测砧不可接触。

(3) 应随时注意电池电量情况,如出现闪数或跳数应及时检查电池电量是否足够。

(4) 在组合测量时,应确定结合良好;在测量深度时,深度底面应为平面,以保证测量结果的准确性。

(5) 在进行测量操作时,应注意操作的速度和力度,应严格按照要求进行操作。

卡尺、千分尺的常见故障及维护

卡尺及千分尺在使用中有时会出现跳数和数值显示不稳定现象,这多数是由于电池电量不足或电池接触不良造成的,更换电池或重新安装可消除上述不良现象。

另外数显卡尺会因为尺身栅尺有水或其他异物而引起闪动现象,清洁尺身后会恢复正常。

如果出现测量数值的误差过大,应重新确认归零是否良好,测量面是否有杂质或异物。如没有上述问题,应检查测量时速度是否过快或测量面是否已经有损伤。

如出现无法消除的故障或出现量爪损伤,严禁私自拆卸和维修,应及时送至仪器校验部门进行检修和校准,如无法检修再根据情况送专业机构修理。

参 考 文 献

［1］ 何光宏.传感器原理与实验教程［M］.北京:机械工业出版社,2014.
［2］ 王琦.传感器与自动检测技术实验实验教程［M］.北京:中国电力出版社,2010.
［3］ 冯雷,片兆宇.传感器与检测技术实训教程［M］.北京:中国电力出版社,2013.
［4］ 梁慧斌,时连君.传感器系统实验教程［M］.北京:中国电力出版社,2015.

结　束　语

　　传感器的实际应用十分广泛,大至数控机床、汽车,小至家用电器中都有使用。安装、连接方式等多方面因素都能影响到传感器的测量结果。所以只有通过实践,亲自动手使用,才能知道传感器应该与其他电路如何连接,怎样才能正常工作。因此这门课程与实践结合得非常紧密,故对这门课采用了理论实践一体化的教学模式,并取得了一定的效果。

　　大多数学校是在理论课完成后,安排一点时间做些实验,这时有些学生对理论部分的内容可能已经生疏或淡忘,实验的效果大打折扣。另外这些实验主要也是对传感器参数的测试,演示性和验证性的实验居多,功能性、综合性的实验较少。这些实验不涉及或者较少涉及传感器实际应用中较常见的问题,比如,如何进行传感器的选择、安装,如何设计传感器的连接方式等等。所以这些实验对学生的专业应用能力与综合能力的提高作用不大。针对这个问题,新的教学模式将各类传感器的理论知识和实践进行了整合,实现了理论实践一体化教学,其特色主要分为以下几方面:

一、课程结构采用模块化结构

　　由于各种传感器的工作原理不同,我们对课程结构进行了调整,采用模块化结构,一种传感器就是一个模块。根据学生的专业特点选择其中几个模块进行组合,用一至两周时间进行教学,这样教学安排得比较紧凑也比较灵活。例如,对机电一体化专业的学生就可以选择工业上常用的电容式传感器、电感式传感器、光电式传感器、磁电式传感器等几个模块组合起来进行教学。

二、教学内容采用课题形式

　　每个模块的教学内容都采用课题的形式,让学生以小组为单位通过完成课题的方式,学习传感器的相关知识。在课题开始之前,先介绍传感器的结构与工作原理,采用框图形式将传感器各部分以及前后联系表示出来,形象直观、一目了然,再对传感器的工作原理进行简单的定性分析,让学生掌握传感器的工作原理。

　　这些课题从易到难,从参数测量到实际应用,逐步深入。学生每完成一个课题,就可以掌握一些新知识。例如,学生可通过测量电容式传感器的降低因素了解到对于不同材料的目标物,传感器的感应范围是不同的,它们之间的差异是用降低因素来表示的。这样就将抽象的传感器的参数与其实际应用结合起来,实现了理论实践一体化教学。

三、提高了学生的专业应用能力,教学效率较高

学生通过完成课题,具备了传感器的安装、使用、连接等方面的基本知识,并且能够初步掌握传感器的简单应用方法,具有了一定的解决问题的能力。例如,用电容式传感器测量黑白分区磁盘的转速时,学生发现当转速超过 1 500 rpm 时,电容式传感器的输出信号消失了。通过分析发现原来是转速过高,超过了传感器的开关频率(传感器每秒钟内通、断的最大次数),传感器来不及反应了。了解原理之后,学生就提出了减小磁盘的分区数、选用开关频率高的传感器等办法来解决这一问题。可见开展理论实践一体化的课题为他们今后踏上工作岗位打下了良好的基础。

四、实现师生之间的互动,发挥学生的主体作用

采用这种教学模式之后,学生在学习过程中真正地从"要我学"变成了"我要学"。

在课题完成的过程中,学生发现问题,及时请教教师,通过与教师的交流或者与其他学生的讨论解决问题。因而营造出比较融洽的教学氛围,课堂气氛活跃,提高了学生的求知欲、探索欲。

课后及时总结,教师再给出一些思考题或讨论题,这些题目紧扣课题,可帮助学生更好地掌握相关的知识。

学生的积极参与提高了他们学习的主动性,发挥了学习主体的作用。

五、培养了团队合作精神

在课题教学中要对学生进行分组,以小组为单位完成课题。通过这种方式使学生了解作为一个团队,要学会分工合作,通过团队协作才能更好地完成课题。培养了学生良好的协作能力和团队意识,这为他们将来更好地融入工作团队打下良好的基础。